上海市第六批应用型本科试点专业："社会服务型"

应用心理学专业人才培养建设项目资助

教育与语言

同一性意义建构机制探究
——聚焦退避型男大学生自我发展

TONGYIXING YIYI JIANGOU JIZHI TANJIU

—— JUJIAO TUIBIXING NANDAXUESHENG ZIWO FAZHAN

王 茜 著

中国社会出版社

国家一级出版社·全国百佳图书出版单位

图书在版编目（CIP）数据

同一性意义建构机制探究：聚焦退避型男大学生自我发展 / 王茜著 . -- 北京：中国社会出版社，2021. 10

ISBN 978 - 7 - 5087 - 6623 - 2

Ⅰ. ①同… Ⅱ. ①王… Ⅲ. ①大学生—社会心理学—研究 Ⅳ. ①C912.6-0

中国版本图书馆 CIP 数据核字（2021）第 200659 号

书　　名：	同一性意义建构机制探究——聚焦退避型男大学生自我发展
著　　者：	王　茜

出 版 人：	浦善新
终 审 人：	王　前
责任编辑：	刘云燕

出版发行：中国社会出版社　　　　　邮政编码：100032

通联方式：北京市西城区二龙路甲 33 号

电　　话：编辑部：（010）58124846

　　　　　邮购部：（010）58124864

　　　　　销售部：（010）58124845

　　　　　传　真：（010）58124856

网　　址：shcbs. mca. gov. cn

经　　销：全国各地新华书店

中国社会出版社天猫旗舰店

印刷装订：三河市华东印刷有限公司

开　　本：170 mm×240 mm　1/16

印　　张：13

字　　数：174 千字

版　　次：2022 年 1 月第 1 版

印　　次：2022 年 1 月第 1 次印刷

定　　价：89.00 元

中国社会出版社微信公众号

前　言

　　大学阶段是个体进行自我同一性探索和建构的关键期。本研究从教育实践中观察到的男大学生"动不起来"的现象出发，以叙事探究为主要研究方法，从去问题化、尊重和挖掘主体发展需求的视角，聚焦退避型男大学生的自我同一性意义建构特点和机制研究，以期为分析男大学生自我同一性发展提供新视角和理论支持。

　　本研究选取大二、大三年级男大学生为参与者，共收到有效叙事文本 67 份。资料整理与分析主要采用类别内容分析、叙事主体分析和整体内容分析的方法，在分析男大学生自我同一性意义建构特点的基础上，以目的性抽样为原则，选取 7 名成长型和 23 名退避型男大学生的叙事材料进行分析。退避型表现界定为个体所表现出来的避开与畏难不前的状态，主要表现是行为上懒散、情感上淡漠和意向上迷茫，呈现三种退避状态：特质性、状态性和创伤性；在此基础上，进一步探讨了退避型男大学生自我同一性意义建构的特点、影响因素、发展过程和发展机制问题。

　　1. 男大学生自我同一性意义建构的特点

　　男大学生在同一性发展的重要事件中能够获得教训水平上、接近模糊意义水平的意义；对于未来的探索处于模糊、矛盾与短期具体计划之间，尚未达到长期目标的水平；人生故事在自我成长的意义建构中，呈现出不确定的成长和成长之间的势态。

从意义建构的事件类型来看，男大学生进行自我同一性意义建构的主要事件是人际事件、成就事件以及对话与自我反思，故事主题以能量主题为主。

男大学生在自我同一性的意义建构中，从报告重要事件时间上看，参与者对小学阶段的重要事件报告比例最高，其次较多集中在对大学生活的反思和探索上；从参与者对重要事件的整体叙说基调来看，以消极情绪和积极情绪的中间状态为主；从参与者报告的重要他人特点来看，依次为亲人（主要是父母）、朋友和老师。

2. 退避型男大学生自我同一性意义建构的特点和影响因素

从自我同一性叙事特点上看，特质性退避型男大学生表现为单调平淡，强调归属感；状态性退避型男大学生表现为矛盾怀疑，强调目标感；创伤性退避型男大学生表现为逃避否定，强调安全感。

从自我同一性发展的重要支持性资源来看，影响退避型男大学生自我同一性发展的因素包括成长环境、重要他人（以父母为主）、文化资源（阅读）、自身经历、幻想等。

在自我同一性形成过程中，对安全感、归属感、目标感的追求是退避型男大学生自我发展的主要动力。整体上看，自我同一性表现出从"依赖"到"独立"的发展趋势。

3. 退避型男大学生自我同一性意义建构的机制

自我同一性的形成是个体通过对自身生活经验的选择性叙事来不断反思、建构自己的过程。同一性形成过程可以分为：阶段1"遭遇问题，迷茫适应"，表现为基于自我评估与自我认同的选择性分化；阶段2"直面问题，探索反思"，表现为基于执行力与自控力的选择性分化；阶段3"解决问题，抉择确认"，表现为基于批判性反思与直接接纳的选择性分化。特质性退避型男大学生在自我同一性的意义建构过程中，表现为在阶段1和阶段2体验不够深入，缺乏探索深度，特点为初步定向、有限探索、自我调节；状态性退避型男大学生的自我同一性意义建构过程在阶段1和阶段2，还未达到阶段3，主要表现为矛盾怀疑、广泛探索、自我锚定；创伤性退避型男大学生的自我同一性意义建构过程主要停留在阶段1，表现为反复体验痛苦、自我放任、陷入痛苦。

从退避型男大学生自我同一性意义建构的内在对话过程来看，主要表现在比较、批判性反思和归因三个层面上的差异，即主体在情境、事件带来的内在冲突中，内在对话的倾向选择不同，影响主体是否形成稳定投入。

自我同一性形成的过程，是外部支持性资源选择性地进入个体内部的自我对话空间，主体通过对事件的影响或收获进行意义建构来进行自我同一性的探索，意义建构的过程即是自我创新和自我承诺的过程。退避型男大学生总体上处于低探索和低承诺状态，个体建构的意义复杂度较低，更关注事件本身和自我感受。

从文化心理学的发展观出发，建议对特质性退避型主体的干预重点放在增强"现在的投入"上，对状态性退避型主体的干预重点放在形成"将来的愿望"上，对创伤性退避型主体的干预重点放在解决"过去的危机"上。

目　录
CONTENTS

第一章　导论

第一节　研究缘起

一、工作实践之问——"动不起来"的男孩儿们

笔者在沪上一所民办高校工作，学生来自全国各地。以高考分数为标尺，其中相当多的学生给自己戴上了"失败者"的帽子，他们原本对自己的未来预期和自我认同受到极大的挑战。有些学生在大一阶段，通过自我的心态调整和目标的重新确定，能够适应大学生活，找到自己发展的方向；而有一些学生在大学四年的时间里，常常表达的可能是"无聊""没意思""不知道自己想要什么"……表现为学习无动力、上课没精神、对专业学习不感兴趣，课堂上做"低头族"看手机等与学习无关的事情，课下则沉溺于游戏，缺乏健康的休闲活动，人际交往也表现得比较被动，对他人较为冷漠，做事情嫌麻烦，不爱参加社会活动等，就这样"随大溜""浑浑噩噩"地虚度了四年时光，往往流露出

自己也不喜欢自己但又自认为"无力"改变的状态。后一种情况，在笔者的工作经历中，男生更为多见。这一类男生，大多不会主动去寻求老师的帮助，但是当老师主动去和他们沟通交流时，他们是愿意真诚地和老师交流的。他们也对自己的状态不满意，很多时候也充满了困惑，明明知道自己需要改变，也认为自己必须改变，但是又总虎头蛇尾，三分钟热度后不了了之。他们似乎更需要持续的支持和肯定来推动某种改变的发生，对于来自外部力量推动的需求更为迫切；这些外部力量可能来自任课教师、辅导员老师、亲密关系（如家人、恋人）和朋辈群体。这说明个体在主体意识层面内在动力明显不足。

　　笔者曾经有这样一个学生（以下简称小Z），在大学前两年的时光里，旷课是他的常态。任课教师提醒、辅导员老师介入后，小Z会进入教室听课学习一段时间，但维持不了多久又故态复萌，学习成绩可想而知，到三年级时绩点只有0.8。在不去教室的多数时间里他都在寝室里打游戏，家长、老师和同学一度都认为他是游戏成瘾导致无法完成学业。笔者在小Z大三时开始关注这个学生，最初的目的是希望了解为什么有些学生会不进入课堂？学习兴趣、教学风格、任务难度、管理制度、同学关系、人际关系、师生关系……哪些因素影响学生的学习状态？小Z是非常具有代表性的极端性个案，所以笔者邀请他对话。对话最初是从希望改变小Z的学习投入状态开始的，每次主动邀约小Z交流，尊重个人意愿不强求参加，同时表明与学习成绩没有任何关联。前两次谈话比较多地集中在和小Z建立一个平等安全的关系联盟上，聚焦于小Z当前的学习成绩和学校的教学要求等，从他当时的学习情况来看，他很难达到毕业的要求，提醒他对于自己的未来进行思考和规划。在前两次谈话中，笔者更多的是作为引导者和问题提出者，小Z更多的是作为倾听者或简短地回应。第三次谈话的时候，小Z说："老师，我知道你们都是为我好，我其实也觉得自己现在这个状态不行，但是我感觉自己就是动不起来，我也不知道这是怎么回事儿。其实我并不觉得打游戏有什么意思，刚开始打的时候确实挺感兴趣的，时间长了每天都打，我自己也觉得挺没劲的，但是又不知道干什么，生活挺没意思的……"从这一次的谈话开始，小 Z 开始更多地坦露自己的想法和感受。笔者和小 Z 的谈话关系发生了转换，更多的时候是小 Z 在倾诉，笔者倾听。在这个过程中，开始了解到小 Z 的成长经历、家庭环境、父母的教育方式、重要他人的影响等。在叙述个人故事时，他不断地对自我进行反思。笔者看到了过去的小 Z 和今天的小 Z 的连接，以及这种谈话和叙述本身对于小 Z 自己的改变和影响。最为触动笔者的是小 Z 说的一句话："现在想想，大概只有我父母死了，我才会有动力进行改变吧！"当时小 Z 也被自己说出的这句话震惊了。当这种愤怒被直抒胸臆地表达后，它促使我们共同去梳理小 Z 和父亲以及家人的关系。在叙述的过程中小 Z 重新去观察、思考、理解他父亲的感受和想法，同时他对自我的定位和理解也在发生转变，小 Z 的学习和生活也在悄然发生改变，他开始为自己的未来考虑，并付诸行动——上课、重修不及格的课程。在征得小 Z 同意的基础上，笔者邀请辅导员老师联系了小 Z 的父母，和小 Z 的父母沟通了小 Z 的现状，以及对于成长经历中与父亲的一些争执的思考，这对和小 Z 几年来陷入关系僵局的父亲有很大触动，父子之间重新开始了沟通和对话。小 Z 在申请延期一年毕业后拿到了毕业证书和学位证书并考上了公务员。

这似乎是一个有"完美结局的故事"，作为一名教师也确实在这个过程中感受到了育人与助人的快乐与动力，但这并不是笔者把这个故事呈现在论文开篇的动因。小 Z 在大一到大二的阶段，在学习、人际交往、生活上有很多退缩回避性的表现，如果以问题的视角去分析，可能会发现与社交回避、学业困难等有关的行为表现，但笔者认为以问题的视角去看待这类学生无助于学生个人的成长，笔者更倾向于把学生的表现看作是一种发展性的状态，它呈现出了一种危机的外显表现，但危机中蕴含着成长的转机，那就是学生所说的"想改变而无力改变的状态"。

而这种现象不是只在个别学生身上出现，而是在相当一部分男生群体中出现。小 Z 大三到大五这个阶段的成长是其个人自我系统和外在生态系统改变共同交互作用的结果，在这个过程中有各方力量的共同介入，包括小 Z 自己的转变、和父母互动的改变、父母教育观念沟通方式的转变、教师的积极参与与介入、辅导员的支持和关心、互助学习小组同学的帮助……在这个过程中，不是有计划、有目标、提前预设式的系统性干预，而是在过程中不断根据个体成长性的需要调动各方力量积极应对的结果，唯一的目标可能是"希望改变"的力量。这种力量既来自外在客观因素——毕业要求不达标、教师和辅导员等支持资源跟进、父母关心焦灼的状态，也来自小 Z 的内在需求——不喜欢自己的状态、内在渴望改变但又迷茫于如何去改变。小 Z 对于自我的认知和定位不断在重新建构，从"动不起来"的自我怀疑中对自我去进行重新的思考，从过去的自我中获得成长的动力和方向，当个体重新去确立自我的价值时，"动起来"的力量在不断增加，而这种转变是在个体的对话和叙事中发生的。

　　大学时期是青年人发展的关键时期，大学教育的目的不仅仅是传授知识和技能，更重要的是对学生价值的引领、人文的关怀，帮助每个学生成就更好的自我。小 Z 的故事在男大学生中比较具有代表性，既表现出成长的潜力，也有成长性需要。但在现实学习生活中却表现出"动不起来"状态的他们，具有哪些自我同一性发展上的特点，以及这种状态形成的机制问题，是值得研究和关注的。

二、社会观察之问——"男孩危机"真的存在吗

　　"妈宝男""娘炮儿""花样美男""直男癌"……近几年对于青年男性的网络热词频出，男孩教育问题受到社会广泛关注。

　　国外教育学术界在 20 世纪 70 年代就曾出现过"男孩危机"的探

讨，英美等国最早关注教育情境下在学业方面男生落后于女生的现象，提出"男孩危机"这一观点。2009年孙云晓等学者首次将"男孩危机"这一观点引入国内，认为男孩危机是一种"全线性危机"，将最初聚焦探讨在学业困难中的"男孩危机"扩展到男孩儿在体质、社会适应、心理健康等多方面的危机，即不局限于其学习落后的"学业危机"，还包括所谓的"心理危机""体质危机""社会适应危机"等。"男孩危机"也由西方部分国家发现的个别现象逐渐发展成为被世界各国关注的社会问题。

"男孩危机"这一观点在教育领域存在争议，持反对意见的学者认为"男孩危机"本身就是一个危言耸听的伪命题，如徐安琪指出女生学业成绩优秀、升学率高是大多数国家和地区的普遍现象；马姝从社会建构论的角度，认为"男孩危机"的提法本身反映的是身体、权利话语自身的焦虑，提出重建男性主体性的工作不应单单着眼于教育方式，而应从对身体、权利话语的反思开始。关于性别差异的研究由来已久，"男孩危机"这一争论本身并无结论，但引发了国内社会各界对男孩教育问题的广泛关注。何相材等运用元分析探究国内青少年情绪调节自我效能感的性别差异，发现青少年情绪调节自我效能感男生明显高于女生，而在具体维度上，女生调节积极情绪的自我效能感显著高于男生。又如大量研究从性别角色视角切入，总体上看，大学生性别角色男性化、女性化的分布水平呈下降趋势，未分化的分布水平呈上升趋势，男大学生性别角色中以双性化和未分化为主约占67.5%，性别角色的男性化仅占比25%。此外，大量研究探讨了大学生的性别角色与主观幸福感、幽默感、自尊、自我价值感、生活满意度、情绪弹性、人际关系、亲密关系质量、社会适应、应对方式、利他和攻击行为、时间洞察力等诸多因素的关系。

社会的进步，经济的高速发展，给个体的发展带来新的议题，而随着"三孩"时代的到来，越来越多的家长在家庭教育问题上表现出更多的思考和焦虑。"男孩危机"这个命题本身是否存在有待商榷，但从我们的文化和社会需求特点出发，对男大学生群体的自我发展的研究具有现实意义，希望本研究可以为男孩养育问题提供一些建议和思考。

三、文化比较之问——"隐蔽青年"的发展困境之忧

20世纪90年代以来，"隐蔽青年"被视为一种社会现象被日本大众熟知，这类青年的生活方式被看作是一种社会退缩的表现。"隐蔽"一词（也有译为"宅"）最初来源于日语"引きこもり"（音译：Hikikomori），在英文中被译为social withdrawal，在中国台湾被称为"茧居族"或"家里蹲废材"，这类群体一般被描述为有6个月及以上一直隐居在家中，不上学、不就业、不工作的青年人。日本有调查数据显示，在日本15~39岁的"隐蔽青年"达到541000人，其中多为20~30岁的男性，许多学者将"隐蔽青年"群体看作制约日本社会发展的心理健康问题。这类"隐蔽青年"现象最初被看作日本文化中特有的，但近年来，"隐蔽青年"现象在韩国、中国香港、中国台湾、美国、法国等多个国家和地区被视作现代青少年的一大社会心理问题被关注，并有逐渐定性为青少年时期的某种新型"症候群"的趋势。中国香港有调查显示（2014），"隐蔽青年"现象在青年人群中发生率达到1.9%。陈康怡、卢铁荣和段威对中国香港隐蔽青年的负面情绪及偏差行为进行研究，发现隐蔽年期与负面情绪呈负相关，即随着隐蔽年期增加负面情绪减少，但隐蔽程度提高会增加负面情绪和偏差行为，负面情绪在隐蔽行为及偏差行为之间引起中介效果，也就是说隐蔽期间缺乏社会支持产生的负面情绪，更可能导致偏差行为。中国大陆尚未有对"隐蔽青年"的数据统计和系统性研究，但近两年在我国的媒体报章中也开始报道类似"隐蔽青年"的典型个案，引发对"啃老族"等社会现象的热议。王艺姝探讨了隐蔽青少年问题行为与人格特质的关系，该研究采用网络

问卷和无结构访谈法，将隐蔽行为界定为连续三个月以上，出现没有联系且没有参与各项社会系统、害怕或拒绝与人接触、对社会现实逃避抽离、缺乏社会身份地位且被排斥的行为，结果发现隐蔽青少年的社会身份状态以"待业在家"和"学生"为主，大部分人 3 到 6 个月出门 1次，每天使用网络时间长，主要以网络群体活动居多但参与频率低，这部分群体大部分自我满意度低，心理状态较为消极，心理压力较大；从社会交往特点来看，他们人际关系单一，很难结交到知心朋友，总体上社会功能较弱；从人格特质来看，他们具有典型的冲动性、开放性和神经质的人格特质。"隐蔽"仅仅是青年人选择的一种生活方式，也是埃里克森所说的"青年人的合法延缓偿付期"的表现，抑或是从精神病理性的角度去看待"隐蔽青年"的表现。目前，学界对于"隐蔽青年"现象的界定和形成原因还存在争议，但"隐蔽青年"有着典型的退缩回避性的表现是毋庸置疑的。

文化与自我的发展关系紧密。朱滢认为，文化通过对自我的形成、结构、功能等产生影响，从而影响到个体的认知、动机、情绪以及行为。Markus 和 Kitayama 从自我理解的文化心理学研究视角，提出了"自我构念（self-construal）"的概念，用以描述个体如何理解自己与他人的关系。早期的关于文化对自我影响的研究较多集中于从集体主义、个体主义文化差异维度探讨个体自我构念的差异，如东方集体主义文化中互依型的自我构念和西方个体主义文化的独立型自我构念。一方面，日本与中国同属东亚文化圈，深受儒家文化影响；另一方面，日本在第二次世界大战后经历了经济高速增长的时期，整个国家和人民从积贫积弱的状态逐步走上富足。反观我国这 40 年的飞速发展，与日本也有惊人的相似之处。我们现在看到的一些社会现象，恰恰多年前就在日本出现过，并引起了当时人们的广泛关注。因此，一衣带水的日本文化中出现的青年人发展中的特殊现象或问题，可能会对我们理解当下我国大学生成长中的困境给予一些启发和警示。

四、自我研究之问——大学阶段是自我同一性发展的关键期

究竟什么是自我？作为一个学习心理学多年的研究者，笔者仍然为此感到困惑。自我通过万千生命中每个"我"而表现出来，它离我们那么近，自我不就是"我"吗？当个体使用"我"这个概念时，意味着对"我"有了明确的觉知，"我"不同于其他任何人，这种对自我独特性的觉知某种程度上是个体对自我的第一次确认，进而丰富和发展我与世界的关系，形成"我"对于"我"和自身有关的事件的理解和建构，因而自我是人格的核心，具有功能性和过程性的特点。从美国心理学家威廉·詹姆士最早提出关于主体自我和客体自我的结构，到关于personality 概念的界定，百余年来人格与自我的研究起伏转承，经历着不同的范式与取向。"人格心理学之父"奥尔波特认为，人格就是"一个人真正是什么"，即"人格是个体内在心理物理系统中的动力组织，它决定人类对环境适应的独特性"。将整体的个人作为研究对象已成为人格心理学家的共识，既关注个体间的共同性，也关注个体间的差异性。在对人格的分析过程中，呈现出特质、动机和叙事研究三种范式，三种研究分别回应了人格的"所有（having）""所为（doing）"和"所成（becoming）"问题，叙事取向研究试图为人格研究提供一种整合的框架。

埃里克森是第一个系统阐述自我同一性（ego-identity）的理论家，在其人格发展渐成理论中，提出自我同一性发展是持续毕生的人生主题，个体在青少年期是解决自我同一性危机的重要阶段。自我同一性对于青春期的个体来说尤为重要，基于我国的教育现状，自我同一性是大学生阶段人格发展的主要发展议题。近年来，不少学者提出自我同一性的研究模型，尝试深入探究同一性发展的机制以预测自我同一性发展过程。Schwartz 将已有研究者们提出的多种模型大致分为两类：一种观点

倾向于认为同一性是自我建构（self-construction）的过程，另一种观点则倾向于认为同一性是自我发现（self-discovery）的过程。两种观点都具有各自的前提假设：同一性的自我建构观点认为个体从社会环境中整合同一性因素，而获得自我同一性发展。其中最著名的三种模型是 Grotevant 的过程模型、Kerpelman 等的自我控制模型和 Bosma & Kunnen 的相互作用模型。而同一性的自我发现的观点是基于 Waterman 提出的幸福同一性（eudaimonistic self-identity），这一观点由积极心理学研究者所倡导，主张心理学研究应强调人的体验，注重个体的主体特征，理论溯源到人本主义学派 Maslow 的理论，认为个体为了形成完整的同一感，主体必须寻找并发现自己的天性或者"真实"的自己，并选择一系列的目标、价值和信仰来实现真我。这种观点具有三个层次：涌动（flow）、个人表达（personal expressiveness）和自我实现（self-actualization）。涌动概念由 Csikszentmihalyi 提出，是指投入一个与"真我"相关的活动时个体表现出能够被强烈的卷入、时间感的缺失和不会考虑失败的特点。涌动体验出现在主体的最佳唤醒（optimal arousal）状态，后者一般只有在当前任务的挑战与个人技能之间达到匹配状态时才能够出现。该理论延续了 James 强调的体验（激发人类最优机能的初始能量）、Dewey 的审美（审美是人类共同的、普遍的本能和发展动力）的观点。

人格心理学家普遍认为，自我同一性是个体一生的探索任务。大学阶段是人生观、价值观和世界观形成的关键时期，也是自我同一性发展的重要阶段，创造有利于大学生自我成长的校园人文环境，促进大学生的人格完善和发展也是高校人才培养的重要职能和目标之一。自我同一性的性别差异是研究者关注的重要问题，从既有研究来看，关于男女大学生在自我同一性形成、发展和分布等议题上的研究结论并不一致，但大多数学者倾向于认为自我同一性的不同内容领域对男性和女性的心理意义可能不同，在社会政治、宗教信仰、性别角色、人际交往等领域可能存在性别差异。本研究从教育实践中观察到的在部分男大学生身上表现出来的"动不起来"的现象出发，采用叙事探究的方法，围绕"动不起来"这个研究问题进行展开，关注男大学生的自我同一性发展主题，以期对这类学生的自我发展的特点、机制和干预措施提供理论支持。

第二节　研究目标与研究意义

一、退避型男大学生的自我连续感与自我定位

"动不起来"的现象在男大学生群体中是否存在，究竟如何来界定和描述"动不起来"的状态，这是本研究首要解决的问题，选择叙事探究的研究方法后最终将这类男生用"退避型"来定义。如何来理解和解释退避型男大学生的心理和行为表现，这类学生群体的自我同一性意义建构的特点和发展机制如何，这是本研究需要回答的主要问题。

所谓自我同一性，包含着"一个人个性的风格存在着一致性和连续性"的含义，也含有个体对自己的人格特质和角色身份进行选择和探索的指向。追溯关于青少年自我同一性发展的研究，埃里克森在其经典著作《童年与社会》中指出，青春期是个体自我同一性形成的重要阶段，青少年可以对不同的角色和身份形象进行自由的探索和试验，这个阶段被称为社会心理的合法延缓期，青年经历延缓期的选择和决定，导致个体形成投入。那么，退避型的表现是在埃里克森所谓的合法延缓期的正常行为表现还是需要干预的状态？状态取向的自我同一性研究主要代表人物之一 Marcia，在埃里克森理论的基础上提出以投入和探索两

个维度作为同一性状态形成的基石，将自我同一性看作一个结果变量而非过程变量。本研究关注个体退避型表现的形成机制有助于理解男大学生自我同一性发展中的动态性过程，而不仅仅把退避型的表现看作是一个静态的结果。Berzonsky 将个体在同一性相关的任务和问题上表现出来的不同社会认知加工取向定义为"同一性风格"，男大学生所表现出来的退避型特点如果是个体表现出来的社会认知策略，那么是稳定的一种风格还是可以改变的一种状态，推动个体自我同一性发展的动力何在？日本学者渡边认为，一般被理解为内部人格的自我发展作为焦点，被视作人格发展的典型质的转折点，关于所谓第二次诞生究竟如何，只是出现在对样本数据的引证中进行理论的探讨，涉及人格结构或者其发展的变化和病理等大小繁多概念的理论探讨。

综上，对于退避型的表现从人格特质、自我同一性状态、自我同一性风格、社会认可的合法延缓期等视角均可以获得某种解释，但如果能用一种更具有动态性的、整合性的观点去理解退避型表现的特点和机制，有助于我们更好地理解这类主体表现出来的发展性特点和需求，助力退避型表现的青少年获得更好发展。

二、退避型男大学生自我同一性机制的探索视角选取

20 世纪 90 年代以来，人格研究向叙事转向的风头渐起。青少年期被看作是解决自我同一性危机的重要发展阶段，当代对青年群体的研究视角逐步从"问题本位"开始转向"青年本位"，从"宏大叙事"逐步转向"个体叙事"，从"主体与客体"逐步转向"主体间性"，以还原大学生群体正在经历的现实生活世界的心理现实。如何来探究退避型男大学生的自我同一性发展机制，研究的视角选取需要具有整合性和动态性的特点。叙事分析是一个能够深入分析个体生活经验的策略，通过分析过程帮助我们探究人们如何解释他们自己的生活、如何看待生命的

主题。从叙事探究背后的哲学观和本体价值观来看，叙事探究在主体性建构的生命叙事中，并不是寻找客观、普遍、确然的因果规律性解释，而是建立在主体现实生活基础上，通过主体性叙事以主体间交互的视角，去关注每一个个体独特的、细微的生命体验，去探寻在主体的生命经历中是如何与自己、父母、家庭以及他人进行情感联结与互动关系的建构，进而理解并解释主体自我同一性表现出来的当下状态和特点。

　　McAdams 和 Olson 认为，一个完整的人生故事，可以呈现出昨天的你如何成为今天的你和未来的你。人生故事是自我统一与整合的表征，通过人生叙事人们可以建构过去、体验现在、期待将来。McAdams 提出"人格房子"模型，认为可以在生命故事中对自我同一性进行考察，通过人格的叙事研究融合特质论和动机论的观点。如图 1-1 所示，从人格特质、人格动机和人格叙事三个水平进行人格解释。模型的水平 1 和水平 2，反映了人格的静态结构和人格的动力机制，而在水平 3 的人生叙事为人格特质和人格动机提供了时间与空间的坐标系，通过叙事将自我整合成了一个连续的、不断发展的整体。所谓人生叙事是一种融合了主体重构的过去、感知的现在和期待的未来的连续的自我的历程。综上，本研究采用了生命故事的叙事研究范式，主体通过叙事将过去、现在和未来与自我相联系，个体的生活经历与自我成长相互作用、相互影响，通过对生命故事的意义建构过程来探究退避型男大学生自我同一性意义建构的特点和形成机制。

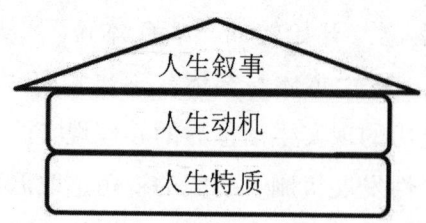

图 1-1　McAdams 的"人格房子"模型

三、研究意义

(一) 现实意义

本研究选取男大学生为研究对象，源于对当下高校中部分男大学生"动不起来"状态的观察。这里所谓的"动不起来"，外在行为表现出来的核心特点是"回避"和"退缩"。这里所使用的这两个概念不代表临床意义上的病理性表现。这种退避型的表现是多样化的，包括对事情缺乏兴趣、做事容易出现倦怠感，"无聊""没劲儿""没意思""不知道想干什么"等表达常常出现，人际交往中以被动为主，拖延与其社会身份相关的事项，比如可能在一定期间内呈现逃避现实、无精打采的状态，对课业或工作不关心，严重者可能会有旷课、学业拖延等学业问题，对自己的存在价值有困惑或者质疑，缺乏有意义的兴趣爱好或者休闲娱乐等。这一类"动"不起来的男大学生在校园生活中并不少见。从已有研究中看，有学者用"无聊症候群""拖延症候群"等视角将这类大学生身上表现出来的状态从问题视角去进行分析，也有学者从应对方式、人格特质、自我同一性风格等视角去界定与回避有关的表现。前一类问题化视角的研究，可能会固化"问题行为是这一发展阶段的核心"的观点，而忽视青年人在进行自我的探索和尝试中必然会经历的正常化的心理和行为变化，着力点应关注和帮助解决当下自我同一性发展阶段的主体需求。后一类研究较多使用量表进行抽象的特征测量，较少切入到大学生自我同一性普遍存在着的真实具体的发展变化过程中去，强调和关注交互作用、生态性的研究就显得尤为重要。

本研究立意旨在还原到主体本身，从"主体性视角"去整体探究这些学生的主体状态和发展需求，学生在外在呈现出来的退缩回避行为看似相同但其背后的内在需求和自我发展水平却可能是有差异的，也就是说，如果我们能够更好地探明学生的内在需求，将有助于通过更主动的干预促进主体的积极发展，有利于抓住大学阶段这个自我同一性发展的重要时期，为大学生的自我发展创设更符合主体需要的文化和社会支持环境。

（二）理论意义

文化心理学的发展观认为，人类的心理机能一旦在发展中产生，其性质都是文化的，因此人类心理发展受到文化的引导和个人的建构，即个体的心理机能的发展过程是受到所处社会世界的引导进而进行个体建构的过程。因此对当代大学生的自我同一性发展机制的研究，应立足于我们的文化和当下的历史发展进程的特点与个体成长历程的相互作用，个体的自我同一性建构过程具有时代性和文化性。

本研究以叙事探究为方法论，缘于笔者本身的需求——从教师身份出发观察学生成长现象，发现问题、解释现象，给出预测和干预建议。本研究严格遵循叙事导向探究模型与共识性质性分析的研究策略与规范，尝试对退避型表现男大学生这一群体根据其意义建构特点进行分类，探究主体自我同一性的意义建构特点和形成机制，分析理解个体成长中的叙事经历对自我同一性发展的影响，进而对自然干预的有效路径进行探索分析，以期能够对表现出退避型特点的男大学生自我同一性发展议题提出有建设性的观点，对男孩养育问题提出建议。

第二章　文献综述

第一节　自我同一性的内涵及研究取向

一、自我同一性的内涵

人格心理学家普遍认为，自我同一性是人类个体一生的探索任务。埃里克森最早提出关于自我同一性的问题，他指出青春期是自我同一性探索最为强烈的阶段，同一性被看作是青少年成长过程中最重要的发展任务。在其著作《自我同一性和生命周期》中，指出自我同一性是自我一致性、连续性和社会性承认的确信，自我同一性的确立是对自孩童时代形成的自我的再反思和统合。埃里克森认为自我同一性适应于各发展阶段，个体同一化无论是现实中的还是幻想中的，都具有无批判地接受和模仿的特点，即在周围影响下被他人创造出自我。但在青春期伴随生理变化，个体的不连续感和违和感开始对自我怀疑式的自问自答，开始了自我破坏和自我探索的漫长过程，即"自我同一性形成的统合超越孩提时代同一化的总和""青年期最终形成的同一性是超越过去所有人物同一化的统合"。王树青等认为，自我同一性是个体关于"我是谁"以及如何定义自己的思想或观念，是个体在过去、现在和未来时空中，对自己内在的一致性和连续性的主观感觉和体验，是个体在特定环境中的自我整合。日本学者小田认为，埃里克森所倡导的青年期同一性的确立具有自我同一性和集体同一性几乎完全表里一体化的含义，可以说青年人"独立物语"也是"归属物语"。

综上，自我同一性是指个体对过去、现在和将来自己"是谁""将会怎样"的独特性和连续性体验，以及对自己身份的定位。所谓自我同一性，包含着"一个人个性的风格存在着一致性和连续性"的含义，也含有个体对自己的人格特质和角色身份的选择和探索的意思。在青春期，身心的逐渐成熟以及未来成人角色的选择都表明个体进入强烈的同一性探索阶段。同一性的概念强调一个完整、成熟个体的主观概念，即人格发展的一致感、连续感、统合感，自我同一性涵盖生理、心理、社会对自我的定义，包括主体在身体功能、个性、认知、人际关系、职业和社会角色等方面的自我表征，因此自我同一性是自我建构和整合的过程，包含着个体被赋予的身份和个体选择定位的协调统一。自我同一性强调个体与环境间的相互作用和协商，在自我与他人的关系中对自己和他人都具有及保持了可识别性。

二、自我同一性发展的状态研究取向

在埃里克森的经典著作《童年与社会》中明确指出，自我同一性是个体通过总结与社会环境的互动心理经验形成的。青春期是同一性形成的重要阶段，青少年可以对不同的角色和身份形象进行自由的探索和试验，被称为社会心理的延缓，经历延缓期的选择和决定，导致个体形成投入。埃里克森认为，青春期发展的重要课题是自我同一性的达成和防止自我同一性的扩散。Marcia 在埃里克森理论的基础上，将自我同一性的概念进行了操作化，以投入和探索两个成分作为同一性状态形成的基石，提出了判断同一性发展水平的两个维度即探索和承诺。所谓探索是指一种积极寻找自我信息的行动，当个体面临人生的重要选择时，能够指向获得关于自身以及周围环境信息的、解决问题的行为；所谓承诺是指个体所拥有的、与自我有关的强烈的信念系统，与个体一系列特定的目标、价值和信念保持一致的倾向。

表 2-1　同一性地位描述表

同一性地位		同一性危机	自我投入的程度
同一性形成		已体验	积极的自我投入
同一性延缓		现在，正处于体验之中	模糊暧昧的状态，或有积极自我投入的倾向
同一性早闭		没有体验过	非自觉主动的投入
同一性扩散	危机前扩散	没有体验过	没有自我投入
	危机后扩散	已经体验	没有自我投入

如表 2-1 所示，根据探索与承诺的投入水平不同，可以划分出 4 种自我同一性的状态：同一性获得或同一性形成（identity achievement）——主体既有高探索性，也有投入的高承诺性；同一性延缓（identity moratorium）——主体探索性高，但投入的承诺性低；同一性早闭（identity foreclosure）——主体探索性低，但投入的承诺性高；同一性扩散（identity diffusion）——主体探索性和投入的承诺性都低。

日本心理学家加藤厚在 Marcia 的两个维度"过去的危机（crisis）"和"现在的自我投入（commitment）"的基础上，加入了"现在自我投入愿望"第三个维度，补充了两个中间地位：同一性形成——权威接纳（同一性早闭）的中间地位和同一性扩散——积极的延缓中间地位，如图 2-1 所示。

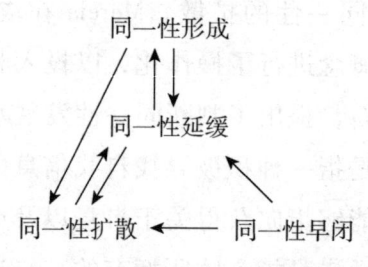

图2-1　自我同一性状态的发展路径

Waterman 提出关于自我同一性状态模型发展假设，提出个人表现自我同一性的观点。他认为，个体天生存在一系列特殊的潜质和才能，通过个体和环境间的互动过程，个体产生了反思或与自我产生了情感共鸣，在这个过程中，个体会逐步发现积极的自我（daimon），因此在这个循环性的互动过程中，个体的幸福感、投入感以及意义感获得提高，即自我同一性的形成过程就是个体朝向积极自我的渐进形成过程。

Grotevant 则重视自我同一性状态范式中的探索过程，强调个体与环境的交互影响，从家庭个体化和自我同一性探索的角度，认为"探索"是自我同一性发展和形成的主要机制，因此提出自我同一性的形成过程模型。该模型认为，个体通过尝试探索的定向、探索的过程、探索中的情感和认知结果、自我同一性的巩固以及最终的自我同一性评估过程，形成自我同一感。

Berzonsky 从个体信息加工过程和个体处理与自我相关信息时的加工倾向方式的视角出发，提出了同一性风格理论。该观点认为，"自我同一性的发展即是建构和重构的过程"。所谓同一性风格，就是个体在处理自我同一性问题时所采取的常用方式，能够反映出个体在处理与自我相关的主题以及作出投入时，在自我报告的偏好策略上的差异，表现为信息型风格、规范型风格（标准型）和扩散/回避型3种同一性风格。这三种同一性风格对应了 Marcia 模型中的4种自我同一性状态，如图 2-2 所示：扩散/回避型风格基于同一性扩散状态，规范型风格过程基于同一性早闭状态，信息型风格基于同一性延缓状态或获得状态，延缓状态被看作是自我同一性获得的必经之路，因此认为同一性延缓和同一性获得具有相同的发展过程。信息型风格的个体在面对自我同一性冲突时，个体更关注进行积极探索解决问题，以问题为导向用同化或顺应的方式处理冲突、寻求平衡；规范型风格的个体在面对自我同一性的选择和冲突时，更倾向顺从于外界、规则以及重要他人的标准和期望，个体表现出抵制改变的倾向，对于挑战个体当前信念和价值的信息往往采取防御的态度；扩散/回避型风格的个体面对自我同一性问题，更倾向于表现出拖延、逃避的态度，一般个体不会去主动参与外部世界，通常会根据情境的需求和结果决定行为的选择倾向。比较而言，自我同一性风格更着重强调个体自我同一性发展的结果，而同一性状态的观点则更强调自我同一性发展的过程。

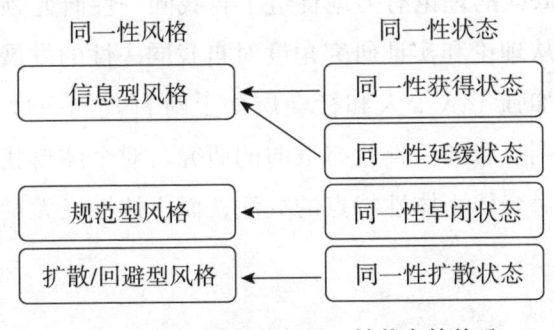

图 2-2　同一性风格与同一性状态的关系

Luyckx 等提出了自我同一性的双循环模型，该理论更强调自我同一性的发展过程。所谓双循环是自我同一性的发展，指既包括探索的广度和投入水平（Marcia 的同一性状态范式），也包括探索的深度（对现有投入深度探索的程度）和对投入的认同，是一个动态的相互作用的过程。通过双循环，首先个体进行广度的探索，进而对特定的选择作出关于投入的承诺，其次对该承诺再进行更深度的探索后，作出新的同一性评估，最后作出放弃该承诺或重新探索或认同该承诺的决定，因此自我同一性的发展是个体在反馈环的影响下，在不断重复和循环的双循环相互作用下形成自我同一性的过程。

Kerpelman 提出了自我同一性控制理论，从微观层面关注自我同一性形成的个体内和个体间的特征，对"探索"有了更清晰的解释。自我同一性控制系统包括两个个体间成分（社会行为和个体间的反馈）和三个个体内成分（自我知觉、同一性标准和比较器）。自我同一性被看作个体的控制系统，自我知觉是在个体间的反馈转变为与自我相关的意义过程中产生的，自我同一性能够降低主体对反馈的知觉和内在自我定义间的差异。当自我知觉和自我同一性标准不协调时，个体会为消除这种不协调在行为和认知上进行不断的调整，从而对自我同一性进行探索。

综上，Marcia 的理论有力地促进了自我同一性研究领域的发展，后继有大量学者从理论和实证研究角度对自我同一性的发展进行了丰富和延伸，尤其是加强了从个人和社会层面上对自我同一性发展过程的关注。但也要看到自我同一性状态取向的研究，对个体自我同一性发展过程的解释缺乏对个体主体性特点的关注，而主体性又无疑是个体自我同一性发展的核心。

三、自我同一性发展的叙事取向研究

20 世纪 80 年代以来，人格心理学领域兴起对个人叙事和人生故事的关注，受后现代主义思潮的影响，叙事心理学假设人格是个体以语言为中介建构自己的过程，人生故事和生活叙事可以作为研究人格的主要素材和依据，强调人格的发展性、动态性、自我多元性及文化历史性等。经典的人格叙事理论包括剧本理论、同一性人格模型理论、对话自

我理论、人格六焦点模型人格等，从不同视角来探究个体如何用故事讲述人生进而探析人格。上述理论共同的基本观点，即人生故事本身就是一种构念，主体有目的、一致的、讲述出来的、唯一的可能形式就是人生故事。叙事取向的研究，通过立足于个人生活的连续性和一致性来探讨自我同一性，同时也将自我与人格置于一定的社会文化背景中去探究，如性别、阶层、种族和文化等。可见，叙事不只是一种方法学，叙事本身就是一种自我的建构过程，自我不是通过测量故事而测得的某种东西，自我本身就是故事。Brunner 认为个体思维方式即叙事的模式，故事依赖的是说故事的人而不是任何理论，故事中蕴含了创造者的需要动机、情绪情感、目标计划以及价值观等，因此故事与个体的主观性紧密相连。McAdams 提出同一性人生故事模型，认为可以在生命故事中对同一性进行考察，将个人叙事和人生故事的叙事取向研究作为理解和重构人格的一种途径。Ville 和 Khlat 认为自我的意义与整合是社会认知的结果，通过考察叙事因素间因果关系的强度和基础、分析不同事件和不同时期生活叙事的整合等特性，进而理解自我的连续性和意义。

（一）同一性人生故事模型理论

McAdams 被看作是人格叙事研究中的集大成者，他从埃里克森的自我同一性概念出发，建构了以人生故事为核心的同一性人生故事模型，认为自我同一性是个体在成人世界中一种自我的整合状态，自我同一性的获得就是一个内化的、整合的、不断发展的、有关自我的人生故事。个体在青少年期和成年早期开始，都会面临一个重大的挑战，那就是个体需要去建构一个能够赋予自己的生活一致性、目的性和意义性的自我。因此，自我同一性和人生故事将自我紧密地联系起来，使人们的生活具有了连续性、一贯性和意义感。McAdams 从 James 的主体我（I）和客体我（Me）之间的差异出发，他认为两者都不是实体，主体我作为经验的讲述者，是从经验中建构自我的基本过程；客体我是主体我所讲述的人生经历和生活，是自我建构过程中最主要的结果，因而个体通过故事讲述和讲述的故事来理解自己的生活。个体只有对自己所扮演的角色进行整合，将自身不同的技能和价值观进行融合，并组织和构建一个包含过去、现在和未来的、有意义的模式时，个体才有可能建构出自我同一性，也就是说个体此时才真正能够将自己和他人的"同"与"不同"明确区分开来，并清晰明确地对自我进行界定。人生故事的发展可以分为叙事前期、叙事期和叙事后期。叙述前期从出生到青年早期，被比作是人生故事的素材收集期，内在的因素如遗传、智力、体质，外在的因素如人际交往、家庭、学校、社会、文化等与自我的交互形成的各种经验，将会对个体的自我发展和未来的人生产生深远的影响，可能在很大程度上影响人生故事中的叙事语调、意象和叙事主题。叙述期从青年期或成人早期（20～40岁）开始，这一时期是意识形态背景的建立期，一旦形成很难发生改变，自我同一性建构的主要任务是要创造并完善人生故事中的"主要角色"。叙述后期对应埃里克森所谓的老年期，这个阶段人格发展的主要任务是自我整合与绝望，这一时期个体的人生已经不太会有大的变化，就像一幅作品即将要完成的阶段。而大学生正处于叙事期，通过整合性的人生故事发展自我同一性，在这个阶段，个体探索和投入自己的主要角色是自我同一性建构的重要任务。

　　人生故事以个体经历的事件为基础，但并不是纯粹的事实，当然也非纯粹的想象，而是超越了事实的有意义的、连续的叙事，个体和文化共同创造了人生故事。McAdams认为好的人生故事应该具备以下6个特点：协调性、开放性、区分性、连贯性、可信性以及生成性的整合，具体可以从以下7个方面来理解人生故事的结构和内容，具体指标及描述详见表2-2。

表 2-2 人生故事结构和内容的分析指标

序号	指标	特征描述
1	语调（narrative tone）	个体叙述的人生故事中，贯彻始终呈现的情绪、语气和态度，即个体对自我所表现出来的整体的积极或消极的情感体验
2	意象（imagery）	个体为刻画人生故事中的主人公和情节特征而使用的特有比喻、象征或图片，体现个体独特的个人经历所投射出的自我同一性
3	主题（theme）	即动机，个体在人生故事的叙事中所追求的、有目标指向的结果
4	意识形态背景（ideological setting）	故事讲述者在故事中所表现出来的道德、政治、宗教、信仰和价值观等，以及个体如何来解释道德、信仰和价值观等的形成过程
5	核心情节（nuclear episodes）	指在个体所描述的人生故事中，最重要的、具有场景化的人生故事，这个故事往往包括开始、转折点、高潮、低谷和结束等，能够反映出个体自我的一致性和变化的过程
6	潜意识意象（imagoes）	在人生故事当中，潜意识意象能够将自我的各方面都人格化。在成年初期，个体会将各种社会角色与自我中有分歧的其他方面整合为综合的、全面的潜意识意象
7	结局（ending）／生成剧本（generativity script）	进入中年期开始，个体需要为自己的人生故事建构一个可以将故事的开始与中间结合起来的结局，旨在表明人生的一致性、目的性和方向性，从而显示出个体对自己人生的认同

　　McAdams 认为通过开放或封闭的问卷以及结构式的访谈可以获得人生故事的叙事，一般的结构式访谈内容如表 2-3 所示，包括人生篇章、8 个关键片段、人生挑战等 7 个模块。人生故事有很多种分类，根据人生故事的语调进行分类，可以得到 4 种基本的故事类型：喜剧、浪漫戏剧、悲剧和讽刺戏剧。依据故事主角的发展变化，则可以将人生故事分为稳定的、进步的和倒退的故事。McAdams 等围绕大学生人生故

事的连续性与变化性进行探讨，提出可以以叙事主题、叙事复杂性、叙事基调和个人成长水平进行编码作为研究可量化的依据。

表2-3 人生故事的结构式访谈内容框架

序号	指标	特征描述
1	人生篇章	参与者将自己的人生分为若干主要篇章，并描述出每个人生篇章的大概的情节内容
2	8个关键人生片段	参与者要仔细描述出究竟发生了什么事情，涉及哪些人，在这一事件中自己的感受和想法是怎样的，以及该事件可能对其整个的人生故事有怎样的影响。 8个片段主要包括：①高峰片段 ②低谷片段 ③转折点片段 ④最初记忆片段 ⑤重要童年片段 ⑥重要少年片段 ⑦重要成年片段 ⑧其他重要片段
3	人生挑战	参与者要明确地描述出自己在生活中面临的最大的挑战或者问题，这一挑战是怎样形成的，而自己在当时又是怎样去面对的
4	主要角色	参与者要明确并仔细地描述在其人生故事中对自己影响最大的角色，包括产生积极影响的角色和产生消极影响的角色
5	未来情节	参与者需要讲述人生故事将如何向前发展，将会发生什么事情，未来又将会是如何，其中包含了个体对以后的目标和梦想，以及对未来的担忧等
6	个人意识形态	参与者基本的宗教信仰、道德观、价值观和政治信仰等，以及这些价值观是如何长期形成的
7	人生主题	参与者需要明确人生故事中一个整合的主题是什么

（二）自我同一性发展的意义建构观

从意义建构的视角来研究自我同一性，也是源于 McAdams 的自我同一性就是生命故事的理论。Singer（2004）最早提出了叙事认同（narrative identity）的概念，在 McAdams 的基础上，进一步发展了叙事与自我同一性研究的理论基础。所谓叙事认同是指为了赋予生活意义而构建的内部的动态的人生故事，通过构建叙事认同，个体可以向自身和他人解释自己是谁，以及如何成为现在的自己和未来的发展方向。叙事认同是一个积极的信息建构过程，在个体与社会互动过程中形成并调节。人们构造故事用来解释他们的所作所为以及原因，在此过程中"旧我"（old me）通常与"新我"（new me）并不一致，因此否认旧我及过去的行为是为了支持新我的产生，并促进新的适应性认同。Habermas（2011）认为自我同一性依赖于自我和生命故事的创建，通过自传体推理使叙事的连续性和个体生命故事获得发展。自传体推理指的是将过去、现在和未来的生活与人格和发展建立联系的活动，是叙事的中心构建过程。McAdams 和 McLean 认为叙事认同是个体不断内化和发展形成的故事，这个故事是个体对过去、现在和未来的选择性提取，并将重构的过去和想象的未来进行整合，赋予生命以一定程度的一致性和目的性。

McAdams 提出意义建构是叙事认同的核心，意义建构既可以反映主体的生命叙事水平，也能预测主体自我同一性的发展水平。意义建构能够将事件与自我的某些方面或与对自我的理解相联系，意义建构的含义与自我的成长水平相近，旨在说明故事主角从故事中获得的和自我方面有关的意义或成长。青少年与成年期自我同一性发展的核心是意义建构的发展。自我同一性的发展就是个体对意义进行重新建构的过程，即重新的陈述和解释。

叙事取向的研究目前主要有两大类：一类在自传体推理的基础上聚焦于叙事本身，强调对生活事件的意义建构；另一类以人生故事为变量，考察叙事同一性与其他人格变量之间的关系。McLean 和 Thome（2003）开发了一种编码系统，该系统可以检查在不同类型的叙事事件上个体意义建构的水平。该系统将意义建构的水平分为 3 种类型：无意义、教训和顿悟。无意义就是个体只对事件的过程进行简单的描述，叙述中没有报告事件对于自我的意义；教训就是个体叙述的内容中有积极的或消极的教训，这些教训通常会导致个体在行为层面发生变化，但教训的意义建构仅适用于个体所回忆的该事件或类似的事件；顿悟是指这种认识或建构已超出回忆事件和类似事件，并清楚地将事件的变化叙述为自我、世界和人际关系的转变，或者叙述内容包括对自我某些方面的新理解。McLean 和 Pratt 对该系统进行了更详细的划分，增加了一个中间层次：模糊意义水平。模糊意义指个体能够将自己所受的教训扩展到回忆事件和类似事件之外，但没有明确叙述出事件对于个体的自我、价值观和人际关系等的转变。因此确定了 4 级的意义建构编码系统，意义建构的编码范围为无意义（0 分）、学会具体的教训（1 分）、模糊的意义（2 分）、获得对生活的顿悟（3 分），通过意义建构编码的分级可以反映个体生命故事的叙事水平，也能预测个体自我同一性的发展水平。

McAdams 和 McLean 从 5 个方面梳理了当前叙事认同研究中使用的生活故事结构，这 5 个方面包括叙事主题（能量 Agency/交流 Communion）、叙事序列（赎回 Redemption/染污 Contamination）、意义建构（Meaning Making）、探索性加工（Exploratory Narrative Processing）和一致性积极解决（Coherent Positive Resolution），如表 2-4 所示。其中意义建构是叙事认同的核心，一方面通过意义建构可以说明故事的主角如何从故事中获得与自我有关的意义或成长，另一方面个体在建构意义过程中也获得了关于自我的语义结论，即"我是怎样的一个人"。综上，在意义建构、事件类型等方面表现出的叙事建构特点，能够反映出个体自我同一性的动态形成机制，即通过叙事主我（I）建构和重构了宾我（Me），表现出自我的一致性和连续性，即自我同一性的发展。

表 2-4 人生故事的结构维度

编码结构	定义
能量	主人公具有能动性，通过展示自我控制、自我激励、成就或权力地位，影响其他人或者他们生活中的改变。高能动性的故事意味着成就和个体控制自身命运的能力
交流	主人公通过爱、友谊、对话或者与集体的关系等，描述人际关系，这种故事中更强调关爱、亲密和归属感
赎回	主人公能够从消极事件中发现自我的积极改变，即消极的事件导致了积极的结果，原本消极的状态被随后产生的积极改变救赎
染污	主人公在积极事件中出现了消极改变，即积极的事件却导致了消极的坏结果，这种消极的影响压垮、摧毁或消除了事件原本的积极属性
意义建构	主人公从某一事件中学到或获得了一些东西或者信息，即意义建构的第4级编码系统
探索性加工	主人公的自我探索的范围与故事的表述的一致性。高分表明个体进行了深入的探索，或者促使了个体更丰富的自我理解的发展
一致性积极解决	在故事中个体紧张的冲突部分被解决或者有所缓解，可能有积极的结局

可见，叙事取向的自我同一性研究，一方面强调了自我同一性在发展过程中个体与环境的交互作用，另一方面也强调了在交互作用过程中个体的主体性。自我叙事的过程，不仅体现出主体需要的意义体验性，也反映出个体对外部信息进行选择、内化和整合的主动建构性。

第二节　大学生自我同一性发展的研究现状梳理

一、大学生自我同一性发展的状态取向研究现状

从国内对大学生自我同一性状态的群体分布研究看来，处于同一性延缓状态的大学生较多。如王树青发现我国大学生中，同一性延缓状态居首位（67.15%），其余三种同一性状态各占10%左右。魏冬颖的研究显示同一性延缓状态最多（41%），其次是同一性扩散状态（31.8%），早闭状态（14.8%）和完成状态人数（12.3%）较少。但研究结论也并不完全一致，如司欣芳等发现从未来计划层面来看，中职生同一性以早闭状态为主。陈永玲发现处于自我同一性早闭状态的个体最多（56%），自我同一性完成状态最少（9%）。连智平认为中职生同一性风格以信息型风格类型为主。

自我同一性状态取向的实证研究已经有几十年的历史，研究多聚焦于同一性状态与人格因素、心理健康、幸福感、认知加工策略、学业成就等诸多因素，以及与自我同一性风格对应关系的探讨等，鲜少涉及对于不同状态或者风格的自我同一性发展个体的机制研究。本研究聚焦退避型表现的男大学生自我同一性发展机制，从已有扩散/逃避风格、同一性扩散状态的实证研究发现，扩散/回避型风格与神经质呈显著正相关，与开放性、外倾性、宜人性及责任心相关性弱。扩散/回避型风格的学生，与其学业成绩呈负相关，学业自主性水平起到部分中介作用；与建立教育目标和发展学业自主性、自主因果定向呈负相关，与方向感和自主性的缺乏、非适应性的认知和应对策略呈正相关，这类大学生更

多报告自己缺乏清晰的学业目标，很难管理与计划自己的时间，也预期自己达不到学业要求，个体更容易产生学业与适应困难，主要采取非个人因果定向的方式，他们不相信自己能够有效控制、管理好自己的行为。扩散/回避型风格的青少年更可能出现个人和行为问题，如低自尊、抑郁反应、学业困难、较差的同伴关系、成瘾物质使用和酗酒问题以及进食和行为失调等。扩散/回避型风格与自我超越呈负相关，与认知复杂性和同理心呈负相关。同一性风格与青少年心理幸福感的关系研究，发现扩散/回避风格被测试的自尊、乐观和效能感得分较低，无望感、违法态度得分较高。扩散/回避型同一性风格的适应问题在三种同一性风格中最为严重，个体采用选择逃避信息和社会资源，拒绝寻求社会支持，通过自我阻碍等消极的应对方式，可能会影响青少年的健康成长和未来的发展道路。其同一性状态中的总体排他与问题解决呈显著负相关，与发泄呈显著正相关，同一性状态总体弥散与问题解决呈显著负相关。青少年高危行为与扩散/回避同一性风格呈正相关，青少年平均年龄为 17.21 ± 4.84 岁，研究显示攻击性（23.4%）、与异性的关系（14.5%）、吸烟（10.9%）、饮酒（9.3%）、自杀念头和企图（5.7%）、离家出走（3.9%）、服用精神药物（1.8%）是青少年最常见的高危行为。国内外已有大量实证研究证明，扩散/回避型风格即扩散型同一性状态个体的成长性风险更高，对有退缩回避表现的主体进行自我同一性发展的机制研究具有理论价值和现实指导意义，但目前已有研究鲜少涉及扩散/回避型自我风格或者同一性状态发展机制问题。

二、大学生自我同一性发展的叙事取向研究现状

叙事是个人探索自我同一性的一种方式，个体通过叙事过程可以表达或加强自己对其重要自我同一性的投入水平，同时也可以增强个人投入与行为之间的一致性。叙事心理学认为，可以通过认真倾听叙述者的

人生故事，帮助他们以更加肯定生活的方式重新构造叙事方式来帮助主体进行意义重建（Sheikh，2008）。消极性质的事件具有更多的意义，人际事件和死亡事件的意义建构复杂度高于成就事件和娱乐事件。事件的补偿性顺序与意义建构复杂度呈正相关，自主事件、人际事件和死亡事件为意义建构创造了条件，成就和关系事件是青少年关注的主要事件类型，对自主事件和死亡事件的关注较少，但死亡事件的意义建构复杂度更高。意义建构的复杂度与扩散/回避、早闭状态呈显著负相关，在为自己的生活构建连贯的故事的过程中，青少年和成年人经常会尝试对负面经历进行叙事，逆境和创伤似乎需要一个清晰的叙事答案，逆境通常会促使并激励人们重新积累个人经验，具有更高的意义建构复杂度。根据 Pals 的观点，对于生活中的负面事件进行深入的意义建构，可能最终促进个人的成长，对于个人逆境构建有意义叙事的第一步是深入体验，探索并反思自己的感受、思想和动机。第二步是构建对危机的积极解决方案，创建从苦难到封闭的自我的救赎叙事。Park 提出当人们报告自己确实找到了意义时，即使经过漫长的时间，他们的心理健康水平通常也会得到改善。包括因果理解所带来的意义建构，当然还有接受和改变身份、改变价值观、改变发展目标、对成长或积极的生活变化的感知等。Beike 和 Crone 认为，积极的解决方案还可以使人拥有新的见识或长处，并且还可以使受过创伤的人远离创伤而建立所需的情感距离，心理适应性往往与人们感觉自己拥有并控制自己的记忆的程度呈正相关，而不是被记忆拥有或控制。当人们报告自己正在寻找意义时，他们真正的意思是什么？Davis 认为，许多人都在试图寻找造成负面事件的原因，他将这种活动意识标记为"标签"，可能经常涉及反事实思考，例如想知道"可能是什么"，在导致创伤事件的时间或情况中是否有某些因素与其他因素有所不同。从个人叙事的角度来看，构建救赎故事是改变主体创伤的成功尝试。从更广泛的意义上讲，构建生活叙事以从个人经历中获得意义及其过程，无论是日常经历还是具有创伤性的事件，都是一个受文化规范强烈影响的深刻而复杂的社会过程。临床实践的观点倾向于强调创伤后意义产生的社会和文化层面。社会支持会促进创伤的成功恢复。可见，越来越多的人格和发展心理学家认为，人类天生就是讲故事的人，他们通过成功地适应生活中的负面事件从而创造新的个人叙事，以肯定逆境中的积极意义。

　　国内也有部分学者对同一性的发展机制问题展开研究。江楠楠通过对大学生在大学阶段的转折点事件进行叙事分析，发现我国大学生转折点事件意义建构水平的复杂度在"教训"之上，从事件类型来看大学生最关注的是休闲娱乐、学业成就、课外成就和同学关系。陈永玲发现自我同一性达成的大学生，叙事意义建构水平更高，能够在获得教训、顿悟以及成长的水平上进行意义建构。王潇运用同一性脚本发展理论分析大学生在微信使用中遇到的冲突问题，分析了同化、探索和顺应在冲突中的脚本应用，发现冲突对同一性影响的主要领域集中在人际关系和人生观/价值观层面，顺应多发生在人际关系领域，特征为对自我的批判性反思，大学生微信上的重要他人和现实中一样，都是对个体产生重要影响的如朋友、同学和家人。陈雨曦聚焦中职生群体，发现中职生的整体叙事建构水平较低，城市、农村生源地的学生在叙事主题上存在显著差异，同一性水平越高的个体，人生故事的叙说基调更积极，更能从故事中对自我进行反思，从而获得有关自我的积极发展与成长。魏冬颖发现自我同一性发展水平与意义建构水平呈显著正相关，高探索、高投入同一性状态的大学生意义建构复杂度更高。总体上看，叙事取向的自我同一性研究聚焦同一性的发展机制，但这类研究国内并不多见，因此需要实证研究成果来填充这些较新研究视角。

三、大学生自我同一性意义建构的性别差异研究现状

　　关于男女两性在自我同一性形成上是否存在差异，研究结果尚有争

议。埃里克森认为女性通常只有结婚后才能充分获得自我认同，所以女性的自我同一性发展过程与男性不同。此后这一问题引起学者们的广泛关注，从不同视角展开研究，如关注同一性形成的人生任务、同一性形成的过程、同一性形成的领域、同一性的形成时间等。如 Kroger 发现在自我同一性领域分布上存在显著的性别差异，其他方面如自我同一性状态、结构和发展路径等都不存在明显的性别差异，Archer 发现性别差异仅体现在同一性早闭状态上，表现为男性高于女性，同一性状态的发展年龄时间阶段和其他同一性状态上无显著的性别差异。男性的扩散/回避得分高于女性，女性更多使用信息型风格或规范型风格。信息型风格分数与年龄呈正相关，扩散/回避型风格分数与年龄呈负相关，扩散/回避型风格在中学生中的比率高于在大学生群体中的比例。McLean 和 Breen 发现从叙事事件类型来看，青少年报告最多的是和同伴关系、价值观以及信仰，男生更多报告价值观、信仰和人际关系事件，女生报告最多的是人际关系和自主事件，在人际事件上不存在性别差异。江楠楠发现男大学生对于爱情事件的报告高于女生，对爱情事件的意义建构复杂度也显著比女生高，女生更多报告生死疾病事件，但对生死疾病事件的意义建构复杂度较男生低；在形成某种同一性风格的时间上，往往女生先于男生，男生的同一性意义建构水平显著高于女生。陈永玲发现在高峰点和转折点事件的意义建构水平上，女生显著高于男生，即意义建构水平存在性别差异。魏冬颖发现大学生在同一性状态分布和事件类型的分布上都存在性别差异，同一性完成状态男生多于女生，男生更关注恋爱关系事件，女生更关注非学业成就事件。汤晶晶发现在中职生中，仅在规范型风格上男生比率显著高于女生，在信息型风格、扩散/回避型风格上不存在性别差异。

第三节　已有自我同一性发展研究的启发

一、自我同一性发展的理论

基于埃里克森关于自我同一性渐成观的经典理论，自我同一性源于童年时期的内射过程，出现和发展于青春期，是自我独特感、连续感和自我认同的整合。从 20 世纪七八十年代开始，Marcia 的同一性状态理论以"探索"和"投入"两个维度对同一性发展进行了操作化，获得了大量实证的支持，状态取向的研究关注同一性的发展结果，关注自我同一性形成的过程，但这种静态范式的研究很难深入到发展机制部分。叙事取向的同一性研究更关注个体在互动中的主体性，关注自我同一性发展的背景意义，强调自我的心理连续感和一致感，探究个体自我同一性形成和发展过程。叙事取向的同一性研究从动态范式出发，综合个体各种内外因素来研究同一性的发展过程和形成机制，这种动态系统的方法成为目前同一性研究的新热点和发展趋势。

二、自我同一性的评估方法

自我同一性的测量主要包括量的研究方法和质的研究方法。状态取向的同一性研究主要以访谈法和问卷法为主，常用的问卷包括《同一性状态问卷——职业、宗教信念和政治意识形态》（DISI－ORP）、Bennion 和 Adams 编制的《自我同一性状态客观性测量问卷（第二版）》（EOM－EIS Ⅱ）、Berzonsky 编制的《同一性风格问卷（The

Identity Style Inventory）》（ISI-4），日本心理学家加藤厚编制的《自我同一性状态测定量表》国内有修订版，应用较多，还有 Côté 编制的《自我同一性量表》（EIS）、我国台湾学者江南发编制的《青少年同一性危机量表》，国内学者周红梅、郭永玉等人编制的《大学生自我同一性过程问卷》，江楠楠编制的《大学生同一性风格问卷》（ISQCS），上述量表为大学生同一性发展特点研究提供了测量工具。此外，Kunnen和 Bosma 提出根据动态系统的数学模型进行计算机模拟，从而预测个体自我同一性的发展轨迹，为同一性发展的实证研究提供了新的思路，国内目前尚未见到使用这种数学建模法的同一性实证研究。

　　量化研究者需要借助科学的目的去发现在世界上已经存在的真理，并用科学的方法去建立对现实的整体的理解。而质性的研究关注的是个体在社会情境中、在主体内发生的经验性现实，更多考虑去揭示个体在情境中是如何进行思考和体验的。量的方法抓住的是有限的变量，提供的只能是离开了时间与顺序维度的"活动"零碎切片，也就失去了连贯性的意义，而叙事则通过对事件的时间组织和情节结构把过去、现在和将来有意义地联系起来。叙事取向的同一性研究，常用的数据获取方法包括访谈法、日记、书信和写作等。通过叙事着重在微观层面对自我同一性进行深入、细致的描述和分析，探究个体的生活细节、复杂的内心世界与同一性发展之间的联系，能更深入地了解同一性的发展变化，对自我同一性发展的规律、机制等问题进行深入的研究。国内对大学生自我同一性的质性研究也在开展，如江楠楠从自我同一性风格、脚本与意义建构的角度研究大学生同一性发展特点和机制，魏冬颖、陈永玲、陈雨曦用量化研究和质性研究结合的方法探究了大学生自我同一性状态与意义建构的关系等。

　　从总体上看，当前自我同一性的量化研究仍然为主流，关于自我同一性质的研究较为少见，而质的研究特点更适合深入揭示自我同一性发展的内在规律和机制。

三、自我同一性的发展特点和性别差异

已有大量研究集中于探讨形成自我同一性发展状态的影响因素研究，而能体现"主体性""个体与环境的互动"的同一性发展过程特点、影响因素、形成机制等内容的研究屈指可数。弓思源、胥兴春研究了始成年期（18~25 周岁）的自我同一性发展进程，发现心理成熟度是影响同一性发展的重要原因。在始成年期同一性发展波动加剧，同一性倒退现象频繁出现，始成年期结束时大多数个体能够完成同一性探索而普遍处于高级阶段。江楠楠从同一性脚本理论出发提出同一性发展的过程，是外部支持性资源选择性通过心理膜而进入主体自我空间，自我的外部立场与内部立场通过对话产生自我创新的过程。以往的研究中，很少涉及不同自我同一性发展状态形成机制差异的研究，因此尤其应关注处于自我同一性发展状态不利位置的主体，探讨其自我同一性发展的过程性特点和发展机制是十分有必要的，进而制订有针对性的干预方案，有利于主体的长远发展。

关于自我同一性的性别差异问题目前并没有统一的结论，有研究支持男女在同一性形成、发展和分布上没有差异，同时也有大量观点支持青少年的同一性发展存在性别差异，但大多数的学者倾向于认为在政治、宗教信仰、性别角色、交往领域存在性别差异，只是将各领域合并后表现出没有性别差异。从已有研究来看，男大学生在同一性发展状态的分布上呈现出两"多"现象，男大学生完成状态和扩散性的自我同一性状态相对较多，因此对于退避型表现男大学生自我同一性的意义建构特点和机制的研究具有现实意义和理论价值。

第三章 叙事探究的方法论原则和研究框架

第一节 叙事探究视角下的自我研究

　　质性研究在心理学界的处境一直很微妙。叶浩生认为近年来主流心理学研究日益呈现出"碎片化"的倾向、个体主义的取向和与社会现实生活脱节等缺陷。在此背景下，对于心理学的方法论困境的反思和争论开始踊跃出现，基于质性研究方法论的后现代取向心理学流派更多进入研究视野，如文化心理学、叙事心理学等，社会建构论被看作是这些后现代取向心理学的共同元理论基础。社会建构论关注人们如何谈论自己和世界，如何通过对话与他人交流，以及这些又如何反过来塑造自己与现实。社会建构论特别重视两个方面：一是人类个体经验和群体知识的社会建构过程；二是语言对于人类思维的规范与影响机制，强调语言本身的意义和对个体经验的社会建构性理解，孕育了叙事探究的方法论取向。

一、叙事探究法

(一) 叙事探究法的界定

叙事是交流和理解故事的一种方式，叙述者讲述世界和经验。叙事的本质不在于对于过去世界的真实描述，而在于他们在过去、现在、未来三者之间所建立的联系，为主体提供了一个重新建构生活的方式。叙事探究理论源于杜威的实用主义思想，强调参与现实生活中去思考、去体验，去对经验的过去、现在和未来进行探寻，含有对他人和对自我的理解以及改变现状的含义。从这个意义上而言，叙事探究是一种行动和实践取向的研究。

叙事探究具有很强的叙事性，研究的兴趣来自研究者自己的经验叙事，进而形成叙事研究的轮廓。因而叙事探究总是围绕着一个特别的问题——一个研究中出现疑惑的问题而构成的，这通常被称为研究难题或研究问题。一般的问题都带有明确的定义性质以及期待的结果，但是叙事探究带着更多研究、再研究、进一步探索的意义。相对于问题的定义和结果，叙事探究更多地带有一个研究持续的、再形成的概念。正如在本研究中，研究的缘起在于笔者在工作中观察具体的事例所带来的一些思考——在男大学生中退避型人格的表现，进一步的观察发现这种表现可能不仅发生在个别典型案例中，在学生群体中并不少见，进而作为一个研究的发现或者问题开始进行探究，至于退避型人格的表现究竟需要如何在探究中进一步明晰确定或者调整，我们所研究的对象是在转换中的，叙事探究的现象是具有不确定性的。也就是说，在叙事探究中材料的收集和分析是"自下而上"的，叙事探究是一种开放式的研究设计，没有固定的预设，研究者可能发现一些事先没有预料的现象或者影响因素。

　　叙事探究实际上是理解经验的一种方法，它是研究者和参与者在一定时间范围内、在特定地点与周围环境的社会互动中的合作。叙述性探究不强调形式和规律，而是强调经验的意义。由于叙事规则的不同，研究者对个人叙事的定义也有所不同。在叙事探究中，研究者需要"叙事地思考"，以一种内在的意义联系来思考人类的生活经历和叙事探究活动本身。研究者对叙事定义的不同导致了不同的分析方法，但所有分析方法都需要进一步的文本构建。由于叙事本身没有研究价值，因此作为研究数据，需要对其进行解释。叙事研究，一方面可以探索个体的个人生活的连续性和一致性，另一方面也可以将自我和人格置于一定的社会文化背景下进行研究。在本研究中，"叙事"被用作关注参与者如何通过叙述生活故事来组织故事并赋予故事以意义，以及如何在这个过程中使叙事成为构建自我的桥梁，形成自我同一性。

（二）叙事的分析方法

　　叙事分析是一个能够深入分析个体生活经验的策略，通过分析过程帮助研究者探究人们如何解释他们自己的生活，他们如何看待生命的主题。常用的分析方法有以下四种：主题分析、交互分析、结构分析和行为表述分析，本研究中主要采用主题分析的方式。

1. 主题分析

　　主题分析以语言哲学为基础，因为语言对于意义来说是一种直接的、意义明确的途径。主题分析常用于意义建构的确定、报告和分析相关数据的方法。主题分析在许多情况下很有用，它强调文本的内容，重视"说什么"多过"怎么说"，即重视"说过"（told）多于"正在讲"（telling），特别适用于寻找研究参与者，以及参与者报告事件中的共同主题元素时，通过分类可以帮助阐述发展理论。主题的意义并非由它的频率决定而是由"参与者主题一致性"（substantive significance）决定。一致性需要系统的编码过程，从而保证可信度。当研究的发现能够让读者深入了解研究对象的更多内容时，那么该研究是有效的。因为主题分析不需要提供统计学上的意义证明，主题分析的意义性（significance）主要由以下两点确定：一是熟练地确定新主题或者当前已有文献中的主题，二是对编码过程的系统性的自信程度。

2. 结构分析

结构分析的重点在于故事的讲述方式，即讲述者如何使用特定的叙述策略使故事更具说服力，语言本身成为一个深入的研究对象，通过微观分析将在主题研究中可能忽略的语言和意义联系起来以构建理论。结构分析法与主题分析法一样，可以忽略历史、制度和交互因素来建构叙事，但研究设置和研究关系可能限制了参与者可以叙述的内容以及塑造故事发展的特定方式。

3. 交互分析

交互分析的重点是讲述者与观众之间的对话过程，焦点转移到了讲故事的过程上，除了叙事的组织和结构，对语言和互动的微观分析也是十分重要的。在交互性分析方法中，主题分析和结构分析的方法也没有被舍弃，只是兴趣点转移到把讲述故事当成是一个说者和听者共同建构意义的过程。围绕讲述者的生活世界而组织的个人经验故事，可能渗入了问题的提出和回答的交互作用。这种方法要求访谈内容要包括参与者所有的内容，以及交流中的非语言特征。

4. 行为表述分析

行为表述分析被看作是交互性分析的扩展，适合研究交流实践和具体的自我建构。这种分析方法的研究兴趣超越了口头语言，正如舞台隐喻所暗示的，讲述故事的过程可以看成是一种形式的表演——通过自我联系过去，通过语言和动作来牵引、说服和感动观众，去做而不仅仅是说。在行为表述分析中也存在很多的变式，比如从戏剧性的表演到实践性的叙述。所以叙事探究就要分析不同的特征，例如人物形象和他们在故事中的定位（包括叙事者和其他的主要人物）、背景（如表演的条件、故事表演的背景）、角色之间的对话方式（如报告式讲话）、观众的回应（如听众和后面的解释者）等。行为表述分析在叙事分析中是一种新出现的方式，此种方法可以用来研究自我的既定表征。

二、叙事探究中的自我

质性研究致力于揭示人们如何从自己的体验中获得意义，它能帮助研究者在特定文化历史背景下深入理解焦点群体和典型个案。叙事是人们以语言作为中介来建构自己的过程，因此基于自我理解和自我建构的人生故事和生活叙事，就成为叙事探究中研究自我的主要素材和基础，叙事、故事、自我成为叙事探究中的关键概念。

（一）叙事与自我

自我是由故事建构的，通过叙事可以促进自我同一性的建构。自我是个不断展开的故事，个体用故事来建构矛盾、多元、复杂的自我同一性，自我同一性就是个体告诉自己和别人关于自己是谁或不是谁的叙事。叙事为我们日常经验提供了一个时间和序列的意义过程。叙事是个体自我讲述的故事，是在发展过程中根据自己的理解对自我进行的定义，自传体叙事是个体重新认知自我和建构自我的过程，实际上也是个体自我认同的过程，也就是说自传体叙事既包含了自我创造的故事，故事也反过来创造了自我。叙事理论侧重于生活故事和个人生活中的情感经验的研究。故事在"表演"的同时也在被"改编"，因此故事是特定的、曲线的、可塑的和动态的。

叙事探究以发展的角度来探究自我，强调和突出自我发展的动态性，叙事本身就是自我的解读方式，叙事中的隐喻就是解读自我的典型方式。此外，叙事探究还强调文化和历史的影响，自我的发展是在个体与社会交互中形成的，无论是生命故事、对话自我还是自我同一性等，都是在特定的文化和历史背景中构建的。

（二）对话自我理论和自我定位

大多数研究者认为，最早提出对话概念的是俄国文艺理论家Bakhtin 的复调小说，他从陀思妥耶夫斯基的复调小说发展出对话理论，对 James 的主我-客我的关系进行了再阐述，提出对话式的、相互依存的自我构建方式。从对话的角度来看，人类生活的存在被 Bakhtin 解释为不断参与对话的动态的过程，即生命存在的价值和意义就在于与他人不断地对话与交流。对话是表达者和倾听者之间以语言符号为中介进行的信息的相互交换过程，因此对话的本质不仅仅是语言，对话也是人类生存的本质。

在对话自我理论中，名词"定位"（position）与动词"定位"（positioning）常用来表达主我总是在时间和空间中被定位，但是绝不会超过它自身或者世界的理论思想。不同的自我定位作为复调小说的部分，具体化到声音中，并且会与其他声音发生外部或内部对话。在这些想法的基础上，Hermans、Kempen 和 VanLoon 用一个相对独立的我的定位的动态多样性来描述自我的形成和变化。在这个概念中，"我"在不同角度定位之间建立起对话关系，可以从一个定位移动到另一个与环境和时间变化相协调的定位，甚至是在相对立的定位之间波动，从而形成新的自我。各种声音从自己的立场去讲述自己的经验，不同的角色也交流关于他们各自的经验，就像在一个故事里相互影响的角色，这个对话的过程涉及一系列的问与答、赞成与反对，从而导致了一个复杂的、叙述的自我。对话的产生是多声部的结果，个体在自我的对话空间中存在着多个讲故事的自我，这些自我彼此之间也在进行对话，因此人生故事和叙事不是由某一个"作者"所创造的，而是很多不同的"作者"共同创造出来的作品。基于对话自我的观点，叙述者叙事的内容取决于个体所处关系的性质，也就是说个体与外部社会的互动，并不是通过直接的内部表征作用于自我，而是需要通过自我的社会互动来叙述个体的自我故事，从而在叙事中对个人生活的意义进行解释和翻译。对话既是向自己或他人讲述自己生活的方式，也是个体确认自己可能如何的方式。

如图3-1所示，用点、线、圆呈现了多重自我中的立场模型，可以解释自我的定位和再定位的过程。

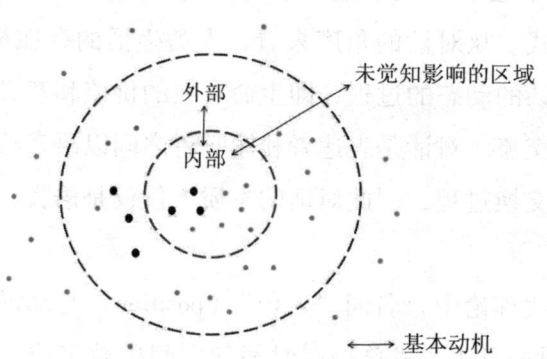

图3-1　多重自我中的立场模型图

外圆（大的虚线圆）以内是自我的整体空间，它包含了内部和外部的很多立场（图中用点代表自我的立场，用黑色的点表示比较容易产生对话关系的立场，用灰色的点表示不太容易产生对话关系的立场）。外圆以外代表主体觉知以外的部分立场，这些立场可能会因情境或时间的变化进入自我的空间之中（即图中外圆以内的部分）。内圆（小的虚线圆）代表个体的内部立场，即被个体当作自己某种属性的内容（比如我是个老师，我喜欢阅读，我热爱生活），外圆（大的虚线圆）代表个体的外部立场，代表在环境当中被个体认为与自己一个或多个内部立场有关的人或物（比如我的学生、我的父母、我的朋友、我的QQ号等），因此在这个模型中，他人也成为自我内在的一部分，不再简单地被认为是位于自我之外。需要注意的是这里所指的他人可能是真实的他人，也可能是自我想象中的他人。

用虚线代表多重自我中各立场之间会进行动态性的定位，即主体的自我同一性建构是动态的、可变化的，外部和内部立场通过互动过程为双方创造了重要意义，新立场的形成导致了自我的创新。在不同的自我领域之间会发生不同的对话过程，例如自我冲突、自我批评、自我认同和自我询问。对话可能发生在内部立场和内部立场、内部立场和外部立场、外部立场和外部立场之间，因此自我与外部世界之间也没有清晰的界线（图中两个圆皆为虚线），当原本没有被觉知的观点或立场被注意时，立场间的位置和对话就被启动，自我和外部世界之间只是一个渐近的转换过程，具有动态变化的特点。对话自我的空间性质以及空间结构中各个立场之间的相对自主性为自我创新创造了潜在可能。

用箭头代表主体的基本动机，这影响了个体立场之间、内部和外部之间、觉知之外进入自我空间的可能与方向。评价是对话自我理论中的核心概念，对话理论认为个体通过将自我的评价组织到人生叙事中，从而使自己的生活有意义。所谓评价指个体在其生活情境中认为重要的一切，人们有两个基本的动机系统：S-动机和O-动机，其中S-动机代表个体专注于自我奋斗，比如追求自我超越、自我扩展、权力或控制等，O-动机代表个体更关注和渴望与他人交往、保持一致性和亲密关系的动机。此外，评价也可以用唤醒的情感体验来分类，分为积极的情感和消极的情感。个体评价的动机和评价的情感体验四个维度上的特点可以反映出其人格特点。

自我通过对话主动地进行定位和再定位，说明自我具有自我更新和自我创新的能力。自我立场的可移动性和可延伸性使对话自我具有了动态建构性，自我同一性的意义建构得益于定位和再定位的过程，并由此而产生和发展。对话自我可以用动力观的语言描述，即自我具有在交流对话中不断产生新知识，从而进行多重定位的能力。除了内部定位（那些被当作是自己的某种属性的部分），对话自我的最新发展带来一些更适合研究发展的过程和机制的定位。如，促发定位（promotor position）——具有自我革新者功能的定位，那些真实的、记忆中的、预期的和想象的重要他人成为主体的促发定位；第三者定位（third position）——心理冲突中的两个自我定位，在特殊条件下可以调和为第三身份，这个身份是对最初两个定位冲突的减轻与缓和，同时第三身份又会从之前两个定位里汲取资源和能量为发展服务；元定位（Meta-position）——把自我移到了高处，带来直升机式的俯瞰，和其他身份位置拉开一定距离，是超越当下的具体定位做自我反省的定位。

自我同一性的对话自我研究，认为同一性不是简单多样和瞬时的，而是具有统一性、连续性和一致性的。自我同一性与它的社会文化情境动态交织在一起，任何情境是一个整体的不同部分，通过内化和外化的交互过程而连接在一起，包括此时此地的个体意义与过去和将来的建构的意义的连接。通过这种连接，情境中的主体意义作为个体内在意义的连接而涌现出来，这不同于原始出现的情境，而是达到了概括化的水平。因此，研究中无法直接简单地获得对方的自我同一性和定位。

对话自我理论适用于解释自我的发展机制，对话自我的空间性质以及在空间结构中角色之间具有的相对自主性，激发了自我创新的潜力。首先，对话关系的核心特征是自我空间的开放性，即对系统中现有立场间的交换过程可能产生的新信息或知识始终保持开放，所有立场都可以通过交换进行整体的重组。其次，随着交流的进行，个体与环境的互动，内部立场与内部立场、外部立场与外部立场、内部立场与外部立场之间的互动，都可能会出现新的立场并带来新信息和知识。因此，通过对话过程自我被推向了不可预测的未来，创造了发展的可能性。任何自我同一性的研究都不能脱离个人经历、生物特征、社会文化背景，但这种复杂系统的观点也给研究的操作性带来了困难。对话自我理论提供了系统地探讨个人定位以及变化过程的视角，为系统地分析自我同一性的意义建构过程和机制提供了可行的方案。

第二节　研究构思和研究方法

一、研究问题及内容

（一）自我同一性的界定

埃里克森关注自我同一性的发展结果，强调自我在发展过程中保持一致感和连续感，青年期是自我连续感发展的黄金时期。本研究将自我同一性界定为：自我同一性是指个体对过去、现在和将来自己"是谁""将会怎样"的独特性和连续性体验，以及对自己身份的定位。自我同一性的确立代表着自我在不同时期的整合，个体通过叙事将过去、现在和未来与自我联系起来，在这一过程中，个体的生活经历和自我成长共同作用并相互影响。因此，本研究通过叙事探究聚焦退避型表现的男大学生群体，分析自我同一性的自我连续感的获得和自我认同的意义建构特点和形成机制。

（二）研究内容

本研究采用叙事探究法，叙事研究关注研究现象，深入现场寻求实地的研究问题，而不是事先明确确定研究问题，通过呈现研究过程来发现问题、分析问题。

本研究中笔者的研究兴趣在于青少年自我同一性发展这个大的主题。在本研究中将从去问题化、尊重和挖掘主体发展需求的视角去看待学生表现出来的心理需要和行为特点，通过叙事这个主题进入研究现场收集材料，然后通过文本解读、讨论、访谈交流、研究者的反思来分析数据，在分析讨论的过程中逐步确定研究问题，在分析叙事文本、撰写分析报告的同时不断阅读相关文献，提高叙事探究的有效性，试图去探究具有不同退避型表现的男大学生自我同一性意义建构的特点和发展机制。

综上，本研究聚焦男大学生的自我同一性发展议题，通过对自传体叙述文本材料的分析发现男大学生的"动不起来"现象背后的原因，聚焦男大学生不同类型的退避型表现，进而进一步探究退避型男大学生自我同一性的意义建构特点、影响因素和形成机制。自我同一性的发展是终生的过程，同一性需要较长的时间才能发生变化，而研究的时间有限，以往研究发现大二、大三阶段是同一性发展的最佳时期，因此选择大二、大三的男大学生作为研究对象。

二、研究方法

本研究主要以叙事探究的方法展开。叙事探究是质的研究方法的一种，所谓质的研究是指研究者在自然情境下采用多种资料收集方法对社会现象进行整体性探究，使用归纳法分析资料和形成理论，通过与研究对象互动对其行为和意义建构进行解释和理解的一种活动。

叙事探究在个体叙事建构的分析中，关注主体对于意义的诠释性理解。Lieblich 等人提出用整体与部分、内容与形式两个相互独立的框架来对叙事资料进行分析，这两个框架可以发展出 4 种不同的分析取向：

（1）整体—内容分析：对叙事材料进行分析，寻找故事中反复出现、最能体现主体人格特征的主题。

（2）整体—形式分析：对叙事材料进行分析，寻找故事的情节发展规律，通过故事的结构来揭示个体人格的结构。

（3）部分—内容分析：对叙事材料进行分析，通过抽取故事中与研究目的相关的部分，去与其他故事中的相关内容进行比较分析。

（4）部分—形式分析：对叙事材料进行分析，通过抽取不同故事的某些部分进行叙事方式分析，聚焦主体的认知、情感、动机的信息。

在研究过程中，研究者将严格遵循 Hiles 等人提出的叙事导向探究模型，研究流程图如图 3-2 所示。确定研究问题和研究方法，招募研究参与者，收集叙述性文本材料，编码、分析和解释数据，最后选择恰当的方式来呈现研究结果和讨论，研究过程中始终注重理论对话和经验反思。此外，参照 Hill 提出的共识性质性研究方法和协调编码与相关者进行充分积极的讨论和协商。

与量化实证中提前设定好操作化的研究假设和严格的研究设计体系不同，质的研究是在研究过程中发现问题，解释和诠释现象。根据先期的理论梳理以及研究者在教育工作中和学生的接触和交流的经验，以问题为导向，研究者初期会有一些类似研究假设的研究构想与关注侧重点。例如：

其一，如何看待"动不起来"的现象？这类男大学生群体中不是个案而是具有一定的群体代表性，这种表现反映出这类男大学生在自我发展上的特点和成长性需求是什么。

其二，聚焦研究问题后，男大学生在自我层面的感知与叙事，其相似性与差异性可能并存，通过自我叙事去探究学生的自我同一性形成过程中的影响因素，个体对成长经历的意义建构过程影响个体自我同一性的发展，进而探究这类男大学生自我同一性的形成机制。

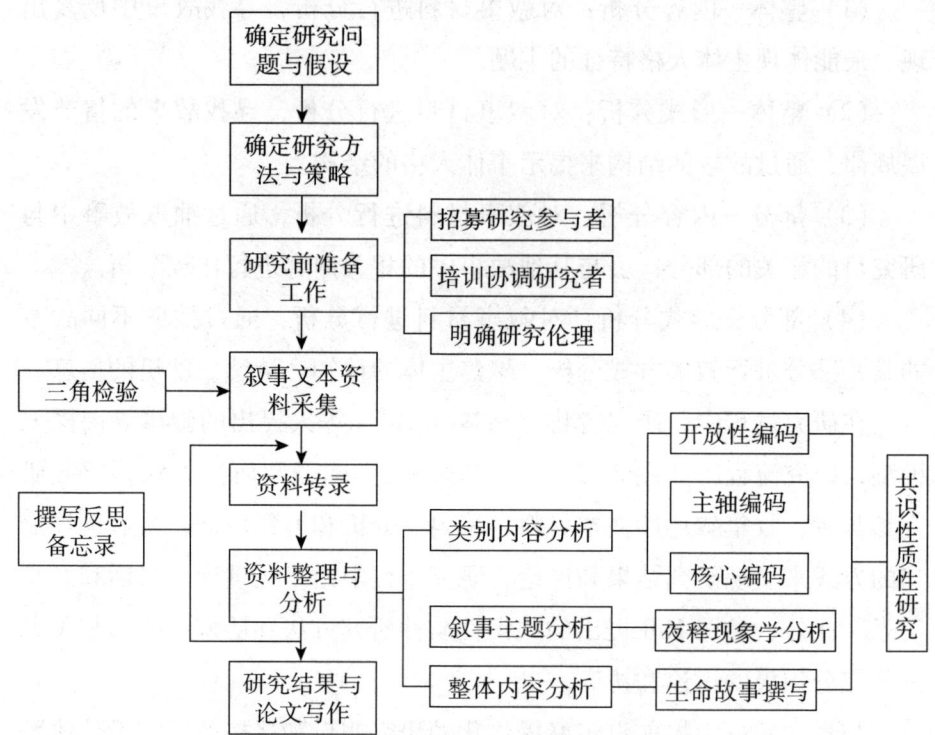

图 3-2   基于叙事导向探究模型的研究流程图

第四章　描绘整体画卷 发现"问题"故事

第一节　男大学生自我同一性的意义建构特点分析

一、参与者的选择

在某大学通过张贴招募广告和研究者班级宣讲两种形式进行参与者招募，计划招募 80 名大二、大三年级男生，实际共回收文本材料 75 份，有 8 人叙事报告因文字较难辨认、信息有严重缺失剔除。最终有 67 名参与者的相关数据计入统计。参与者用文稿纸书写完成自传体叙事材料，参与者的报告字数平均 1200~1300 字，每份记录由 2 名主试独立进行编码和评分，主试均为心理学专业背景高校教师，评分者信度为 0.74~0.86。

二、文本资料整理和编码

首先，将参与者的手写文本材料转录成电子文本，评分者打分之前对每份记录进行了复核。其次，对所有叙事材料进行编码，编码是对资料进行分析的基本概念框架，通过编码不断比较、分析与综合事件和事件、事件和概念之间的关系，从而促成更多的特征、范畴的形成。一般有 3 个级别的编码：开放式编码（一级编码）主要来确定分析主题，关联式编码主要将主题之间建立联系，核心式编码用来提炼出最重要的主题。本研究采用 Nvivo7.0 对逐字稿进行编码分析。

Kunnen 所谓叙事事件对自我同一性发展的"影响"，即参与者感受到的事件重要性和主体产生的情绪强度，两者结合起来判断事件对同一性发展产生的影响。本研究结合 McLean 和 Pratt 的 4 级意义建构编码、Thorne 等的事件编码类型，记忆取向的测量指标参考 Kaushanskaya 和 Marian 的编码方法，结合以往研究中关于我国大学生自我同一性的发展特点，本研究拟从意义建构、事件编码、情绪编码 3 个层面进行分析，在意义建构复杂度、事件类型、叙说基调、叙事主题、自我成长水平、未来计划以及重要他人 7 个指标上进行展开。

（一）意义建构编码

采用 McLean 和 Pratt 关于意义建构复杂度的评定系统，该系统对意义建构复杂度进行 0~3 分的 4 级评分，为线性计分，分数越高说明意义建构的复杂度越高。所谓意义建构，可以理解为事件与自我的某些方面或对自我的理解之间的关联，意义指的是报告者通过事件学到的、懂得的或收获的。0 分代表没有意义，1 分代表学到教训，2 分代表模糊的意义，3 分代表顿悟即获得见识。两位研究者独立编码，编码一致性

信度 r（67）= 0.86。

（二）事件编码

1. 事件类型编码

事件类型一般编码为 5 类事件：①成就事件——强调主体通过努力，尝试达成职业的、社会的、身体上或精神上目标的生活事件。②自主事件——强调依靠自己的能力，独立完成的生活事件。③人际关系事件——强调对关系关注的生活事件。④死亡事件——强调与自己或他人有关的事故、死亡、濒死体验的故事。⑤其他事件——所有无法按照上述 4 类事件类型分类的事件。根据文本材料分析其他事件的具体特征，如果有典型的、共性的事件类型可以单独再划分。两位研究者独立编码，编码一致性信度 r（67）= 0.82。

2. 事件主题编码

事件的叙事主题可以分为两种基本形态能量和交流，McAdams 等将这两个主题又分成 4 个小主题，能量主题分为成就/责任、力量/影响、自我掌控、地位/胜利，交流主题分为爱/友谊、对话、关怀/帮助、统一/归属，具体主题描述如表 4-1 所示。每一个场景故事可能分别表现出不同的主题，每个主题以 1 分计，例如事件中呈现出能量主题之一成就/责任，则计 1 分。两位研究者独立编码，编码一致性信度 r（67）= 0.76。

表4-1 能量与交流事件主题

事件主题		特征描述
能量	自我掌控	故事主角努力去掌握、控制、扩大和完善自我。通过有效和有力的行为，他/她能够增强自我，变得更加强大、更加明智、更加有影响力
	地位/胜利	故事主角通过获得特别认可或赢得比赛，从而拥有在同伴中较高的地位或威望
	成就/责任	故事主角成功地完成了某些任务、工作、目标或履行了某些重要责任
	力量/影响	故事主角通过依附比自我更强大的人或物，而使自身得以提高、扩大、拥有力量、受人尊重、更加完善
交流	爱/友谊	故事主角体验到对他人的爱和友谊的增强
	对话	故事主角体验到与另一个人或一群人之间的互惠的沟通或对话
	关怀/帮助	故事主角给予他人关怀、援助、抚育、支持、资助等，提高他人在身体、物质、社交或情感上的福祉
	统一/归属	故事主角体验到与一群人、一个社区甚至全人类的一体感、统一感、和谐感和归属感

3. 自我成长编码

自我成长（personal growth），即人生故事所反映主体的成长历程和发展程度。本研究采用 McAdams 等 0~2 分的 3 级编码结构，参与者在事件中，呈现出明显的自我积极发展与成长，计 2 分；参与者在事件中，没有任何证据显示自我发展与成长，计 0 分；参与者在事件中，呈现出模糊的、不确定的成长轨迹，计 1 分。两位研究者独立编码，编码一致性信度 r（67）= 0.80。

4. 未来计划事件编码

未来计划事件编码用 0~3 分计分，参与者明确报告出具体的、长远的未来计划，计 3 分；参与者报告出具体明确的短期计划，计 2 分；

参与者报告中有目标呈现，但计划较为模糊甚至矛盾，计 1 分；参与者没有报告任何计划，计 0 分。两位研究者独立编码，编码一致性信度 r（67）= 0.86。

5. 重要他人编码

参与者所报告的重要他人对于自我发展的影响，可能包括亲人、恋人、朋友、老师和其他人等。两位研究者独立编码，编码一致性信度 r（67）= 0.84。

（三）情绪编码

情绪编码采用叙说基调（emotional tone）编码，即以每个故事中情绪的总体性质编码。根据每个故事的整体性质编码，采用 5 级评分，从非常悲观的情绪基调打 1 分，到非常快乐的情绪基调打 5 分。两位研究者独立编码，编码一致性信度 r（67）= 0.78。

三、结果与分析

（一）男大学生意义建构复杂度的一般特征

从意义建构复杂度的一般特征来看，67 个参与者报告的 338 个生活事件（$n=67$，$M=1.836$，$SD=0.891$），表明大二、大三阶段男大学生意义建构水平处于教训水平上，接近模糊意义阶段。

意义建构复杂度评为 0 分的样例如下：

初中开始，我的成绩就开始下降，母亲把我转到了一所好的学校，认为我能好好学习。但我辜负了她的期望，依旧和一些坏学生去玩、打游戏。初中的时候，因为长相问题，我和女生不敢说话。单亲家庭的孩子还会出现自卑、抑郁等一些症状，相反，我很喜欢认识一些朋友，基本上在每个年级都有我认识的人。虽然都是男生，但是对于女生我很少有过交际。在这样的环境下，我在学校的成绩并没有提高，反而下降了很多。中考前夕，我还和朋友在外面打游戏，结果导致我的成绩只能读我那里最差的几所学校之一，但我的母亲并没有打骂我，而是把我转到了另外一所高中。我意识到了我的错误，但上高中后我并没有改掉我的恶习，反而变本加厉，学会了和朋友喝酒抽烟，在外面打架，结识了一些所谓的社会上的朋友。高一的时候我也想要好好学习，但我也不知道是怎么回事儿就这样浑浑噩噩地度过了两年。

参与者报告了初中、高中转校的经历，描述了转校后自己在交友、异性交往、自我的负面评价、学业成绩等方面的经历，但参与者没有报告或解释事件对他自己的意义，计0分。

<u>意义建构复杂度评为1分的样例如下：</u>

由于我在上小学二年级的时候父母就外出打工了，我那时起便与爷爷奶奶一起生活。爷爷奶奶尽管十分疼爱我，但并不溺爱。不知道从什么时候起，我好像成了老师眼中接话茬的学生，家族长辈们常说我是一个喜欢顶嘴的孩子。但直到今天我都不认为那是不对的行为，也许那是一个不该出现的现象。当时的我认为，接老师的话，是因为我思考出来了答案，所以才说出口的。不过，它的确会打扰老师的教学思路，这是我后来才明白的。而顶嘴真不是我有意而为之，自认自幼家教还是很优良的，尊老爱幼这一点还是自幼便明白的。只是主要一点，当时的我真的只是为了澄清他们对我的误会，只是为了寻求一个公平对话的机会。后来才发现，这些言语在长辈们看来都是不该有的。

参与者报告了自己"接话茬"的经历，老师、家长的不认可使参与者意识到那是不该出现的行为，从教训的水平上控制自己类似的行为不再出现，所以在意义建构水平上计1分，代表学到教训，教训通常是行为层面的，仅适用于相似的事件类型或情境。

意义建构复杂度评为 2 分的样例如下：

刚上大学时，有一种初生牛犊不怕虎的感觉，觉得自己已经成人了，于是自己独自从家来到上海，没有一丝的恐惧。为了给父母多分担一些，于是我利用周末的业余时间，找了一份固定的兼职。因此，在兼职的过程中我收获了很多，学到了在学校永远都学不到的东西。兼职不光能挣一些零花钱，还能总结丰富的社会经验，为我今后踏入社会提前总结经验，使自己慢慢从一个乳臭未干的自然人蜕变成一个成熟稳重的社会人。

参与者报告了兼职的经历，从兼职这件事情对于自己发展的角度进行了总结，并已经扩展到这种社会经验对于自己未来发展的影响，但没有具体的关于自我成长、改变内容的解释，计 2 分。

意义建构复杂度评为 3 分的样例如下：

上小学时，一次晚上去医院看病，看的儿童门诊。那时跟现在不一样，儿童门诊外会有一些摆地摊的人兜售孩子喜欢的玩具。那晚一定是一个寒冷的冬夜，因为我记得原本摆摊的地方只坐着一位头发灰白的老人。父亲拉着我的手走出医院门口时，我就看到了那位老人，一瞬间我感到特别难过。父亲对我很严格，不同意给我乱买玩具，而这点那时的我是知道的。因为我可以清晰地记得自己在最后开口前心灵的焦灼。在快走到公交车站时，我终于假装漫不经心地跟爸爸说，我想买那个拼图。父亲自然是没有同意，我很清楚无论再怎么说也是无用功，忽然就伤心地哭了。但我很快意识到父亲肯定会误以为我是因为买玩具的要求没有得到满足而哭的，于是就偷偷擦去了眼泪。我该如何跟父亲说我其实根本就不想要那个玩具，只是看到那个老奶奶孤零零地坐在冷风中太可怜了呢！我最终没有开口，一直到乘上公交车前再也没有鼓起勇气回头往那个方向看上一眼。这是我记忆中最深刻的一次共情。年龄逐渐增长，我把这一特质叫作善良，或者是心思细腻。钱德勒在《漫长的告别》中也曾打趣地写道："就算他失去了一切但至少还有礼貌。"对于我来说就是如此，我可以像契诃夫笔下的变色龙那样依循社会的规则而生存，但那些我最本质的特点即共情能力、善良的本性并不会随着时间而消失。所谓初心就是建立在这些之上的目标。对于我来说，这种心思细腻的共情能力和善良就像灯塔的光始终照亮着我人生的航线。

参与者报告了自己儿时想要助人但父亲并不支持的经历，在这个过程中对于自己的心理过程、父亲的反应等进行内在的分析，作为一个印象深刻的经历引出自己对自己的核心评价，在这里被计3分。参与者超越叙述事件本身而扩展到对自我的评价和认可，明确了叙述事件对自我的影响。

（二）男大学生自我同一性发展的意义建构事件特征分析

1. 影响男大学生自我同一性发展的事件类型特点

意义建构事件类型编码参照成就事件、自主事件、人际关系事件、死亡事件以及其他事件进行初步设定，根据扎根理论对338个原始事件进行编码，实际编码获得1级编码29类，2级编码11类，3级编码5类，因死亡事件参与者极少有报告，删除了这个条目（放到其他生活事件编码内），替换为对话与自我反思事件划归3级编码。

（1）成就事件：包括与学业相关的成就，如学习、考试等，以及非学业成就，如竞选班委、参加比赛、入党等。

（2）人际关系事件：与同学、朋友、老师、家长、恋人、舍友等各种人际关系相关的事件。

（3）自主事件：独立完成的事件，含社会实践实习、工作兼职、学生工作、校园活动、社会活动、休闲娱乐活动等相关事件。

（4）对话与自我反思：如通过与他人谈话、心理咨询或者自己对自己生活产生的反思，又如阅读书籍、文娱活动等引起的自我认识等。

（5）其他生活事件：如生病、受伤、突发意外、死亡等事件。

男大学生进行意义建构的事件类型的百分比统计，如图4-1所示。338个生活事件报告中，人际事件占41.4%（$N=140$），成就事件占25.4%（$N=86$），对话与自我反思占19.8%（$N=67$），自主事件占9.4%（$N=32$），其他事件占3.8%（$N=13$）。不同事件类型报告差异显著，$\chi^2=216.30$，$df=4$，$p<0.01$，可见人际事件、成就事件、对话与自我反思是大学生在叙事同一性中的主要事件类型。参与者报告的其他事件主要是阅读对自我发展的影响，即男大学生成长中阅读作为文化符号资源对自我同一性发展的影响，样例如下："是的，从小就喜欢看书的我，提前看到过些许社会的运转，见过很多事。我相信这是一个金钱至上的社会，无数事件的背后可能有恐怖的真相，但我也相信这个社会还是存在着美好的感情的，即使世界对我充满恶意，我仍愿意去释放善意，去找到这个社会美好的一面。叔本华在评价他的《作为意志和表象的世界》时说过，如果不是我配不上这个时代，那就是这个时代配不上我。"

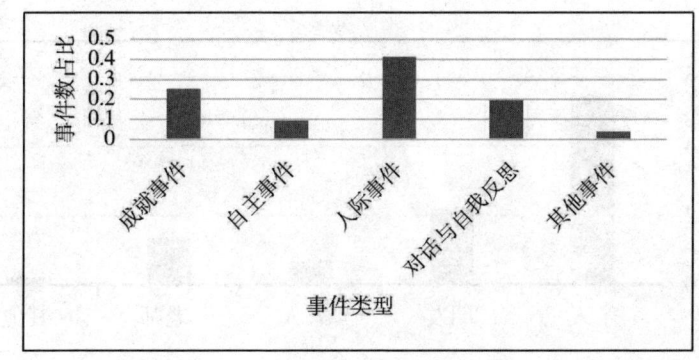

图4-1 意义建构事件类型百分比（%）

2. 影响男大学生自我同一性发展的事件发生时间特点

从参与者报告的重要经历的事件特征来看，72%的参与者报告了小学阶段重要经历（报告频次48次），但因对时间分布特点报告不精确，无法明确追踪到是1~3年级还是4~6年级；67%的参与者报告了大学阶段重要经历，报告频次45次；58%的参与者报告了学前期的经历，51%的参与者报告了初高中阶段的重要经历，幼儿学前阶段重要经历的报告频次39次，初中阶段重要经历的报告频次34次，高中阶段重要经历的报告频次34次，小学阶段对个体的自我发展有着重要影响，对大学生活的反思指向大二阶段是男大学生自我同一性探索和投入的关键阶段。

3. 男大学生自我同一性发展的意义建构的重要他人

如图4-2所示，参与者共报告178个重要他人。其中，亲人（主要是父母等）占55.1%（$N = 98$），朋友占22.5%（$N = 40$），老师占13.5%（$N = 24$），恋人占6.7%（$N = 12$），其他占2.2%（$N = 4$）。重要他人的类型差异显著，$\chi^2 = 136.50$，$p < 0.001$，重要他人排序依次是亲人、朋友、老师和恋人。

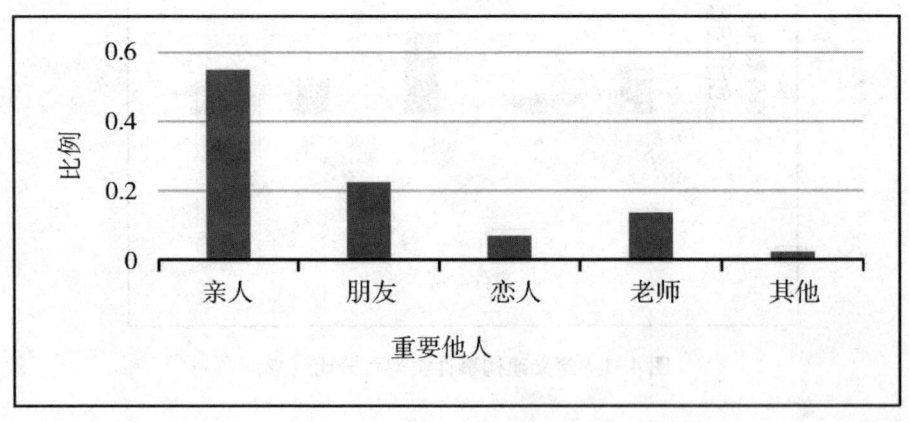

图4-2 重要他人类型百分比（%）

（三）男大学生自我同一性发展意义建构的整体特点

叙事编码内容主要根据叙事情感基调、自我成长水平、故事主题以及未来计划等指标进行描述性统计，结果如表4-2所示。

表4-2 男大学生自我同一性意义建构多指标的描述性统计结果

指标	范围	总和	M	SD
能量主题	0~7	210	3.13	1.70
成就/责任	0~2	45	0.67	0.84
力量/影响	0~4	52	0.78	0.93
自我掌控	0~4	104	1.55	1.08
地位/胜利	0~2	9	0.13	0.38
交流主题	0~8	161	2.40	1.85
爱/友谊	0~3	90	1.34	1.15
对话	0~3	11	0.16	0.51
关怀/帮助	0~2	33	0.49	0.68
统一/归属	0~2	27	0.40	0.62
其他	0~4	48	0.72	0.86
叙说基调	1~5		3.12	1.09
自我成长	0~2		1.46	0.61
未来计划	0~3		1.42	0.76

如表4-2所示，男大学生自我同一性意义建构的人生故事，以能量主题为主（$M = 3.13$，$SD = 1.70$），叙说基调处于中间水平（$M = 3.12$，$SD = 1.09$），表明多数参与者报告内容情绪特点较平和；在自我成长维度上（$M = 1.46$，$SD = 0.61$），说明男大学生对每个故事的成长性总结，处于不确定的成长和成长之间；在未来计划中（$M = 1.42$，$SD = 0.76$），呈现出大二、大三阶段的男大学生在意义建构层面，对未来尚处于模糊矛盾与短期的具体计划之间。

四、男大学生自我同一性的意义建构特点

首先，总的来看，男大学生在同一性发展的重要事件中能够获得教训水平上、接近模糊意义的水平，对于未来的探索处于模糊、矛盾与短期具体计划之间尚未达到长期目标的水平，在对人生故事的自我成长意义建构中呈现出不确定的成长和成长之间的势态。

其次，从意义建构的事件类型来看，男大学生进行自我同一性意义建构的主要事件是人际事件（41.4%）、成就事件（25.4%）以及对话与自我反思（19.8%）。从男大学生自我同一性意义建构的故事主题来看，主要是能量主题，即参与者更多在地位/胜利、力量/影响、成就/责任和自我掌控等主题上建构事件意义。

最后，男大学生在自我同一性的意义建构中，从报告重要事件时间上看对小学阶段的报告比例最高，小学阶段对男大学生自我发展有着重要影响，然后是对大学生活的反思和探索；从参与者报告的重要事件对整体叙说基调来看，以处于消极情绪和积极情绪的中间状态为主；从参与者报告的重要他人特点来看，依次为亲人（主要是父母）、朋友和老师。

第二节　初识退避型男大学生的表现特点

根据质性研究方法论观点，本研究采用目的抽样法，兼顾就近和方便的方式选择重点研究对象。抽样的目的是从故事中发现研究对象的相似之处和不同之处，从而有针对性地选择出能表现某一共同特性的研究对象。研究重心从关注男大学生自我同一性的意义建构特征转为关注发

现"动不起来"的现象，退避型的表现在随机抽样的参与者样本中存在且具有不同的表现形式，本研究对 23 名抽样样本参与者的叙事文本进行类别内容分析的基础上，对退避型表现进行界定、特点分析，描述三种不同退避表现的分类，以期进一步探究退避型男大学生自我同一性意义建构的特点和影响因素。

一、退避的界定

在《辞海》中，退缩的含义为：向后退，向后缩；畏难不前；退隐，退休。回避的含义为：让开，躲开；侦破人员或审判人员由于同案件有利害关系或其他关系而不参加该案的侦破或审判。在本研究里，使用"退避"一词来描述个体所表现出来的避开与畏难不前的状态，比较符合所观察到的部分男大学生在学习、生活或人际交往中表现出来的"动不起来"的状态，即退缩的、逃避的、不作为的心理及行为表现。

二、退避型表现的总体特征

（一）行为表现：懒散

退避型的参与者在对自我进行描述时，较多频率使用的词汇是"懒惰、散漫、三分钟热度、懒癌、拖延、拖拉、怕麻烦、偷懒、随大溜"。这种"懒散"渗透到生活中的部分或所有层面，如兴趣爱好、学习习惯、生活状态、人际交往、社会活动等，参与者将这个"标签"贴在自己的身上进行自我描述。在某些参与者中，这种"懒散"是对某短时间、某些方面状态性的描述，而对于另一些参与者而言，这种"懒散"已经成为一种比较稳定的特质或者习惯化的应对方式，弥散在参与者的生活中。有三种相对典型的退避表现形式，具体样例如下：

第一种类型：参与者把"懒散"几乎定义为自己人格或者特质的主要部分，相对而言对自己的这种"特质"持接受的态度，虽然并不满意但没有强烈地寻求改变的动力。

参与者 TTB1：懒惰、散漫、三分钟热度的一个人。直到现在，我仍然是这样的一个人。

参与者 TTB2：固执，不会去特意或者刻意迎合别人，但也是一个随波逐流的人，只要自己觉得无所谓的事情就会随大溜。总的来说可能就是固执地随大溜的人。好吧，我自己也不知道自己在说什么，我感觉真实的自我和表现出来的不一样，我是一个特别怕麻烦的人，我个人是有独身的想法的，但考虑到有很多事，如果你就一个人反而会更麻烦，所以就放弃了那个想法。我是一个比较随意的人。

第二种类型：参与者把"懒散"作为自己的一种状态来进行描述，主体对这种状态不满意，有改变的意向和动力，但目前还没有获得自己满意的改变结果或者真正的行动计划，在这类参与者身上"矛盾"感会特别强，内在冲突很明显。

参与者 ZTB1：虽说我冷静理性，但还是有一般年轻人的通病：懒癌，也容易懈怠，可能是因为我还不够认真吧，仍需努力。我一直不清楚自己的能力到底是什么，不想得罪人，所以我做事做得很少，把大多数时间都用来思考，经常犯懒，不想去思考，过着浑浑噩噩的日子。

参与者 ZTB2：自控力差并不是我最大的缺点，懒才是。懒惰是真的可怕，我很讨厌麻烦，很多事情不是我不愿意做，我就是懒，遇到事情能逃就逃，不能逃就选择拖，总是会拖到最后才开始考虑怎么办。现在我也一直在努力改变自己这个状态，尽量多做计划，把这个拖延症早点解决了。

第三种类型：与前两种类型在某些阶段或某些方面的"懒散"不同，"懒散"在这类参与者身上表现出比较泛化的趋势，成为参与者应对生活各个方面的一种主要方式，主体对自己的这种"应对方式"持接纳但无奈的态度，即便有改变的想法也没有真正付诸行动并坚持寻求改变的动力。

参与者CTB1：如今的我，很懒散，很孤僻，很自我，很随意……我不觉得这些都是不好的，而是我正在享受大学这个过程。

参与者CTB2：我深知自己是一个不爱学习和懒惰的人，没什么意志和比较随性的一个人。……大学是自主性的学习阶段，对我来说，这无疑是非常可怕的事儿。高中那种管教式的教育不能压住我，更别说大学了。逃课、玩手机、睡觉，基本成了我在大学每天做的事儿了。我每天都想着要改变，但始终改不了。也曾有过改变，但过了一段时间就会变回原来的模样。我真的很想改变，但不知道为什么坚持不下来。希望以后有什么办法能够解决我的问题。

参与者CBT3：平庸、无欲，这是我大学阶段的心态。不想那么累，但又不知什么原因，我觉得光过一天就会很疲惫。我只能在这样的基础上，减少一天中不想做的事儿。社团活动什么的很少去，连周六、日的回家这个过程我也厌倦，然后我就会变得奇怪，会开始变得冷漠。即便在家中，我的表情也是如此，笑点会变高。对吃的也没兴趣，但我却很享受。仿佛这才是我想要的那种生活一般。我不了解自己，我是一个奇怪的人，我也有可能控制不住自己……

（二）情感表现：淡漠

退避型参与者的情绪状态总体上趋于稳定，对自我评价可能伴有一些消极情绪体验，对人对事容易表现出比较淡漠，缺乏真正的、持久的兴趣和热情，在语言表述中高频出现的词汇是"都可以、无所谓、还行、随便、差不多"，具体而言又有3种不同的表现，样例如下：

第一种类型：参与者的情绪情感状态总体上是比较稳定的，对自我的评价也趋于认可和满意，这里所述的淡漠更多表现在参与者对引起内在冲突的事件或情境缺乏对自我深入探索的兴趣，使自我成长和改善的空间受限。

参与者 TTB1：我觉得乐于助人的品德是受到我爸爸的影响。记得有一次……但是我同时也有一些不好的方面，比如生气的时候会大吼大叫，这可能也是受到我爸爸的影响，因为小时候，每当我跟我爸爸闹矛盾惹我爸爸生气的时候，或者我妈妈和我爸爸闹矛盾双方吵架的时候，我爸爸都会急得大吼大叫，感觉这种行为潜移默化地影响了我，所以我生气时也会声音变得特别大，希望自己能通过声音上的优势让对方闭嘴。但我知道这不是一个良好的品质，所以我现在也努力克制自己。

参与者 TTB3：其实我最怕别人问我是怎样的一个人，因为我也不太了解自己，所以说的都是别人给我的一些评价。……现在的我虽然受过去很多影响而形成，但今后的经历也还会改变我很多东西。但我本质的东西是不会变的。我对于我目前的情况很满意，但也承认我还有很多需要改进的地方。

第二种类型：这类参与者的淡漠状态与主体目前内在的自我冲突往往有关，冲突带来的矛盾、纠结，使得主体会有选择性地在人际交往或其他某些方面表现出不积极、缺乏主动性的特点，但这种选择本身是主体有意识的、主动的，可以看作应对内在冲突的一种方式。

参与者 ZTB1：我性格温和，不易得罪人，如果我愿意的话很容易和别人打成一片。但不知为什么，自从大学开始以后，就不愿意这么做了，可能是因为觉得这么做太累吧。

参与者 ZTB2：我曾经把别人不尊重我，我就没有必要尊重别人作为我的外交原则，现在我认真熟记的是我爸说的"大学也是一个小社会，不公平多的是，你要主动适应。少说话，多做事"。也导致了我现在不爱在人多时发表自己的观点，我更喜欢去聆听，去分辨大家所表达出的想法。

第三种类型：这类参与者的叙事内容总体表现出一种消极的情感基调，主体缺乏对自我探究的兴趣，缺乏对学习、生活、人际交往等各方面的一种卷入的兴趣和热情，这种淡漠松散存在于参与者的整体状态中。

参与者CTB4：我觉得自己比以前更随意了，甚至随意得有点过头了。对很多事情都感觉无所谓，仿佛到了一个境界，对很多事情都失去了热情，以前很感兴趣的事情都觉得"哦，也就是这样啊"。感觉现在没有什么东西或事情能够激起我的兴趣，看起来浑浑噩噩地过着每一天。但是我对每一天所经历的事都有思考，发现真的不能激起我的兴趣。我不知道这样的状态会持续多久。

参与者CTB3：究竟是什么能让我去（交往），我自己也不知道。上面的事情经历了那么多，经历了那么久。高考结束后觉得有点疲惫了，这是一种疲劳效应，它至今深深地待在我心中。看淡了，是我唯一的解释。

（三）意向表现：迷茫

退避型的参与者对当下和未来的描述中，出现比较高频的词汇是"迷茫、不清晰、不太清楚、我也不知道，得过且过、走一步看一步、没啥大目标"，参与者对自己这种迷茫的状态往往自我报告不满意，也有希望改变的想法，但这种改变更多的是在语言中而非行动中，缺乏对发展目标的深度探索和行动的具体计划。

第一种类型：这类参与者对未来有一个比较模糊的设定，对自己的发展方向和目标尚未进行更深入的探索。

参与者TTB2：我是一个比较随意的人，没有大目标，没有大理想，一直觉得人生的意义其实也就那样，所以就走一步看一步地过下去了。没有轻生和破坏社会的想法，同时也没有啥远大的理想。这样活着比较轻松吧，<u>能尽自己努力去做的事情还是会去做的</u>，大概真实的我就是这样。

参与者 TTB4：<u>对选择的犹豫，则是我谨慎的体现</u>，而我的谨慎是出于对后果的担忧，<u>担心出现不好后果时，周围人的看法，而自己对于后果却并不重视</u>，即如果选择时，不会被别人知晓且之后也不会知晓，我便能很快地下决定。与此类似的，<u>我喜欢一个人做事，而当多人合作时，我更愿意做幕后工作</u>，而不会去选择一些领导性的台前的工作，<u>我想这是我对他人想法重视的原因</u>，我并不在意他人知晓我的情况，但我不愿意让他人了解太多自身的情况。

第二种类型：这类参与者对于迷茫模糊、缺乏目标感的状态往往感到痛苦，有迫切的试图改变的内在动力，试图或已经尝试作出改变，但目前还没有达到自己比较满意的状态。

参与者 ZTB1：我受够了，但又<u>不知具体该怎么做，于是我也很迷茫</u>，觉得好多人都比我要强，自己拿不出看家本领，很无奈。<u>我应该试试一个人的生活</u>，可能与人接触太多，见到太多，迷失了自己，想去找回真实的自己。

参与者 ZTB3：有人说我是两面人，有人说我是多重性格，我说"You just don't know me"。现在的我其实很简单，只是在<u>追寻自己的目标，寻找自己的方向</u>。选择永远比努力重要，选对了方向才少走弯路。

第三种类型：这类参与者对自我的认识和评价较为模糊，对未来的探索则较少涉及。

参与者 CTB3：虽然我是我，但在某种程度上我又不是我。可以说，<u>我也并不完全了解自己，因为自己的某些行为自己也不了解</u>，我只能说出目前我所了解的自己。

参与者 CTB2：<u>我每天都想着要改变，但始终改不了。</u>也曾有过改变，但过了一段时间就会变回原来的模样。我<u>真的很想改变，但不知道为什么坚持不下来</u>。希望以后有什么办法能够解决我的问题。

参与者CTB5：印象中的我，应该是<u>对未来没有规划的一个人</u>，<u>没有一个确定的梦想志向</u>，从小如此，<u>只对现在感兴趣</u>。这么想，成了现在的我，应该<u>只是走一步看一步，自然而然</u>的结果吧。

三、退避型表现的不同类型

（一）特质性的退避型表现

笔者把这种类型描述为属于"动不起来"的男生中寻求稳定"不想动"的类型。借用人格特质论中的特质一词，在这里特质参与者具有跨情境和跨时间的相对稳定性的心理和行为表现。这类退避型的参与者，退避型的表现体现在个体对于自我的定位趋于一种稳定化的倾向，对成功失败的归因往往和自我相关联，对自我缺乏持续探索的兴趣和动力，自我潜能未获得充分的发展。典型样例如下：

参与者TTB5：<u>我自我感觉还是挺好的</u>，也容易跟别人打成一片，虽然很多时候都<u>很难去控制好自己的情绪，但我都会控制着不去表现出来</u>。他们（父母）一直教导我一定要做个好人，不能干太出格的事，要没有他们我就不是现在的我了。……我爱我的父母，听从他们的言传身教，结果我成了一个<u>有点责任感，认真对待自己生活</u>的人。

（二）状态性的退避型表现

笔者把这种类型描述为属于"动不起来"的男生中"想动但暂时没有动起来"的类型。这类退避型的参与者，显著的特点是意向和行动的相互"矛盾"，个体正在经历自我同一性的危机，对自我产生怀疑和不确定，但还没有找到明确的方向，止步于行动，但从长远来看具有发展性的潜力。典型样例如下：

参与者ZTB1：由认真演化出来的对<u>工作尽心尽责，这是让我引以为傲</u>的事情。同时，<u>这也是让很多人厌烦的地方</u>。因为尽心尽责，所以就容易斤斤计较，要求尽善尽美，让很多人都感到疲劳和厌烦，甚至对我产生敌意，这种事情让我有些心灰意冷。我放弃了好多能够锻炼自己社交能力的机会，专心做好分内事，这也足够了，<u>这不是错，不需要改变</u>。<u>这是性格方面让我自豪的地方，但也让我感到头疼</u>。认真、斤斤计较不算错，但带来的衍生品就让我头疼：爱钻牛角尖，爱刨根问底，虽然不影响大局，但容易给他人厌烦的感觉，<u>暂时没有办法去改变</u>，只能试着不再活得那么认真，让自己随意一些。

参与者ZTB4：我想自己遇到的困难和那些迷茫使我成长，<u>有时我肯定自己的行为，有时我觉得自己一无是处</u>。<u>我不想一生碌碌无为地度过，但另一方面却又不想努力，不甘心就这样活着却又无向上的动力</u>。仿佛我就和我不想成为的那些人一样，一生默默无闻。当肯定自我的同时又会否认自我，在矛盾与纠结中前行，我知道那些道理，明白很多的事物。但<u>也只是明了，从未前进</u>。朝闻道，夕死可矣？我觉得不可以，但却从未践行。……常常思考发呆，有向上的心但缺了动力。动力、潜能、目标，说白了就是坚持不了，对一件事情的三分钟热度，<u>在我看来是当下最需要解决的，也是我最想要做到的事情</u>。

（三）创伤性的退避型表现

笔者把这种类型描述为属于"动不起来"的男生中目前几乎"完全动不起来"的类型。这类退避型参与者，往往报告曾有过感受到危险或者威胁的事件的经历，这里引用"创伤"的概念，并不等同于精神障碍中的"创伤及应激相关障碍"中的诊断描述，而是特指个体在心理体验上的受挫、被伤害感，主体采取过度的防御方式来进行自我保护，这种方式保留下来并泛化到生活中各个层面，稳定成为一种应对风格，适当的心理干预或者社会支持功能的充分发挥有利于这类主体的发展。典型样例如下：

参与者CTB5：<u>在小学时，有一次着急上车，开车门时没有注意，车门就撞到了骑电瓶车的人，幸好人没事</u>。从那以后，我就成为一个每次开车门都会确认的人，不横穿马路，不闯红灯，好好遵守交通规则的好少年。而且在平时的生活中，会一直小心不做可能会伤害到别人的事。比如递剪刀时将握处对人。但仔细想想，<u>这么久了之后，就不喜欢和人互动了，有麻烦也不想寻求帮助</u>。

参与者CTB6：高考的失利，让我陷入了失落。虽然事先有所预料，但到了现实还是很难接受，也会十分后悔。<u>后悔当初，但我也知道这样只会浪费自己的时间，但我还是深陷其中，无法自拔，我还是必须接受这一现实</u>。我已经是一个成年人，再也不可能变回小孩子，我不应该陷入失落中不可自拔，而是应该重塑自己的目标，即使无法做出伟大的事业，也要让自己无怨无悔。

参与者CTB7：<u>在一个一本上线率94%的高中里，做了最丢人的6%</u>。我当时一直觉得，我其实就是懒癌犯了，就是在逃避……简直就是又作又懒，就这样<u>浑浑噩噩度过了3年</u>，每天带着极度厌学的心情待在寄宿制学校，失去了几个原本交心联手的挚友，逐渐把自己封闭。

第五章 退避型男大学生自我同一性的意义建构特点和影响因素

本部分研究通过叙事主题分析，将叙事内容按照对事件的主题、事件的描述、情绪感受与内心活动、对事件或事件中他人的理解与思考、事件背后的信念或自我认识、事件对自己的影响、事件中的收获、经过事件后产生的重新自我认识等类别进行主题分类，在此基础上建立主题之间的关联，提炼出自我同一性形成的核心主题，进而分析自我同一性形成的特点。最终将参与者的人生故事定位于两大类：即成长型的人生故事和退避型的人生故事。成长型的人生故事参与者的自我同一性状态更趋向于自我同一性的完成状态，退避型表现的人生故事分为三类：稳定态的人生故事、发展态的人生故事和危机态的人生故事。根据代表性和典型性原则，从已有样本中最终确定 30 名参与者，成长型参与者编号缩写为 CZX，特质性退避型参与者编号缩写为 TTB，状态性退避型参与者编号缩写为 ZTB，创伤性退避型参与者编号缩写为 CTB，如表 5-1 所示。

表 5-1 参与者编码索引汇总

序号	人生故事叙事风格		参与者编码
1	成长型人生故事		编号为 CZX1～CZX7
2	退避型人生故事	稳定态人生故事	编号为 TTB1～TTB8（特质性退避型表现）
3		发展态人生故事	编号为 ZTB1～ZTB6（状态性退避型表现）
4		危机态人生故事	编号为 CTB1～CTB9（创伤性退避型表现）

第一节 成长型人生故事中男大学生自我同一性的发展特点

这一类参与者的人生故事表现出社会评价意义上的更多认可和肯定，从他们的人生故事叙述中可以看到个体更多的探索和尝试，同时在描述各种冲突、事件时表现出更多的有意义的建构，并不断认可和激励自己，有明确的目标感，并用行动或者投入为目标而努力，有充分发挥自我潜能的倾向。

一、叙述主题：乐观积极+价值感

对这一类参与者的人生故事进行主题编码，如表 5-2 所示。

表 5-2　成长型人生故事的叙述主题编码表

类属	分类属	主题事件
乐观积极	悦纳自我	1. 对现在的自己满意；2. 客观地评价自己；3. 有明确的价值观念；4. 在过去的经历中能够找到希望和成长
	独立自主	1. 有自控力，按时完成预定任务；2. 执行力强，能够主动解决问题；3. 对自己专注的领域持续投入
价值感	有目标	1. 知道自己未来的方向；2. 目标和自我价值的提升有关；3. 有亲社会性的目标确立
	为目标努力	1. 以目标为导向去努力；2. 有实现目标的计划和行动

（一）主题词：乐观积极

这一类参与者的典型特点是"乐观+积极"，既体现在对自我的评价、对事件的意义建构、情绪基调等方面对自我的积极悦纳，也表现在行动取向上更主动地调动自身和周边资源、独立思考和行动，因而在这样的人生故事中表现出个体是不断成长和扩展的。乐观积极在这里包含两层含义：悦纳自我和独立自主。

悦纳自我，主要体现在主体对人生故事进行自我反思时，能够通过意义建构来扩充对自我的认知，在事件或者他人与自我的关系中进行对自我的重构，成长型人生故事中的主体在归因时能够进行批判性的反思，喜欢有挑战性、创造性的活动，相信能力的拓展和自身的成长，能进行更多的积极内归因。小学时，我在班级里自创过许多类型的游戏，几乎所有男生，包括一些女生都会参与我的游戏，听从我的安排并遵守我制定的游戏规则，我所做的事情获得了同学们的认可。这使我获得了极大的成就感，同学们对我的认可与支持，使我觉得自己的创意是可行的，自己受到同学们的欢迎，这使得现在的我非常自信，对待挫折的态度往往是积极应对，情绪表现稳定，行动力强。在这个成就事件中，事件对主体产生积极的影响，通过社会支持系统中的反馈，对自我进行积极的认同，感受到被认可后的自我悦纳，并进一步扩展到对自己能力、情绪调节、挫折面对等状态的自我认同上。在小学四年级，我为了看更多的漫画，在班级里自己开了一家借书店，制定了规则，以营利方式对班级里的同学进行图书出租，所有同学都乐于参与这个项目，甚至有同学对我进行模仿。可是时间不长，班主任取缔了这个项目，找我和另一个同学谈话，并叫来了双方家长，老师对我的行为进行了严肃的批评。当时我内心坚定地坚持自己的想法，表面上服软认错，实则仍然认为自己是正确的，事后父母没有就此事对我进行批评教育，而是表示赞同我的想法，但是指出只是时机不对，同时他们也教我如何平衡与弹性，给予我支持和鼓励。这件事使我今后不易被他人的想法左右，但仍能客观地接受有益的意见，使我懂得弹性理解问题与行动，避免过分固执带来的麻烦。（编号 CZX2）在对事件的外界评价和自我评价中，主体表现出对自我的高度认同，不惧怕失败，同时能够保持和他人的对话进而形成内在对话，进一步促发对自我的反思，在看似以失败告终的事件中不局限于情境本身，而是去思考更多以获得成长。

独立自主：体现在主体所报告的主题故事中表现出有自控能力、自我调节性强的特点，并不局限于在自己感兴趣的领域能够持续地投入时间和精力。当然独立自主的过程中并不意味着顺利和成功，主体为了达到自己的目标也要付出很大的努力，也会有痛苦的内心体验，但会进行自我的内在调节。

我只知道自己会成为理想中的那个人，做自己想做的工作，过着自己理想中舒适的生活，对于自制力和意志力，算比较强的，有任务就规划时间去完成，不会拖延，更不会一心二用边写边玩，该完成的事情就应该先完成了才会去做其他的，否则会打乱自己的思路。（编号 CZX2）

进入大学以后，并没有放松的感觉，学校抓得很紧，自己也希望能够获得满意的成绩，所以我的大部分时间和精力都放在学习上，差不多就是白天去上课，没课的时候去图书馆，除了做作业外，主要还可以找一些自己比较感兴趣的书去读，没有干扰。晚上一般要10点多回宿舍，回去之后会放松一下和室友吹吹牛聊聊天，洗澡后躺在床上有时还会看会儿书，学习的时候我会把手机静音。（编号CZX3）

以前老师说进了大学就自由了，我却没有这种感觉，如果说高中初中时有父母老师的督促，到了大学更需要自己去安排自己的生活，你可以玩儿也可以学习，完全在你自己。所以我觉得对自己的自我管理能力提出了很高的要求，坚持挺不容易的，要多去看身边优秀的人。（编号CZX4）

（二）主题词：价值感

在成长型的人生故事中，主体往往知道自己要什么，尽管未必是一个非常明确的目标，可能只是一个方向或者模糊的目标，但对主体的行为产生了很强的驱动力，能够为了目标的实现制订计划，获取相关知识，提高相关能力，寻求自我的价值和意义。有价值感的主体并不意味着就不会迷茫彷徨，但会不断地进行自我的反思，能够比较正面地去看待自己的困惑状态，并努力去寻找正向的、更能带来意义感的事情。

既然选定了心中的目标，我会义无反顾地走下去，朝着自己的目标前进、前进、再前进。（编号CZX5）。

对于未来我做好了规划，只希望自己可以达成规划中的每一步。不管以前的我多么的骄傲，现在的我多么的不安，只希望未来的我可以走好每一步。首先，我要在下半年……在下半学期申请……在学业方面……（编号CZX4）

我试着去原谅自己犯的错误以及那些缺点，我告诉自己，人无完人，犯错没关系，及时改正就好。我开始明白学习很重要，也愿意去多学一点技能。对于自己的未来想成为一个怎样的人也有了比较清晰的认

识。也许这个高三并不是很美好，无论过程还是结果，可我收获了对我一生而言都可能很重要的东西。（编号 CZX3）

二、自我同一性意义建构的叙事基调：正向积极

叙事基调是个人叙事中的基本特征，当主体在叙述人生故事时，一般都会表现出比较整合的、一致的表达风格和情绪情感。成长型的人生故事主体的叙事基调总体上是轻松、平和、自信和乐观的，情绪情感状态比较一致、稳定，无论成败经历都能比较正向积极地表述。

这类参与者的人生故事中往往都含有正向的早期经历：参与者在对人生故事进行报告时，往往在早期经历中报告积极事件，感觉自己更受到他人的欢迎和关注，对自己有积极的正向确认。这种正面积极的自我认知延伸到后续的成长经历中。我出生在一个大家庭中，小时候 8 个人住在一个大房子，我们住在乡下，邻里关系很好，经常串门，特别是隔壁家的孩子年龄与我相仿，所以我们经常在一起玩儿，他们的名字到现在我都还记得。因为他们都比我小一岁，所以小时候我算是孩子王，就像大多数小孩子会做的，我们也有自己的暗号，我们的暗号是学狗叫。他们两个人是外来务工人员的孩子，所以只是租住在我家附近，他们父母一上班，他们都会来到我家楼下，学两声狗叫，然后我和他们偷偷溜出去一起玩儿。因为在乡下，所以我们玩儿的东西有很多，我们会在田地奔跑、捉虫、田野探险，我家前后有条路，所以我们也会去桥边玩儿、钓鱼、去桥下烧烤，所以我的童年是十分快乐的，因为好像一直在玩儿，所以也算是无忧无虑，我想这些童年美好的事情，使我比较乐观外向，而且不会对他人有偏见，记得我父母偶尔会阻止我与那些外地小孩玩儿，但是我并不觉得如何，还是会与他们一起玩儿，所以我对人也是包容的。（编号 CZX6）

在对失败经历的表述时，也能够从比较积极乐观的角度去进行诠

释。有些任务比较难，需要我投入很多时间，有时就会安排不过来，一般我会进行相对的选择和优先性排序，尽量让自己感到可控，这样的话心态就会稳一点。每个人都可能会遇到这种情况，看自己怎么去应对吧，我觉得我还可以，时间管理上还是比较有度的。当然，也不能让自己太为难，心态很重要。（编号CZX4）

在成长型的人生故事叙述中，主体与互动的情境之间产生了一个相互强化的闭环，主体对经历事件的建构更富有成长性和意义感，增加了主体的自我认同和自我悦纳，叙述基调更轻松乐观积极。

三、自我同一性意义建构的历程：深入探索、反思选择、确立认可

成长型人生故事的叙事者，对自我的描述是多样化的，涵盖过去的我、现在的我、未来的我，也涵盖生理自我、社会自我、心理自我等多重自我立场，立场之间能够互相对话。……这件事使我今后不易被他人的想法左右，但仍能客观地接受有益的意见，使我懂得弹性理解问题与行为，避免过分固执带来的麻烦。……小学时我成绩名列前茅，举止得体，人缘好，善于交际。初高中时依然能较快地自我恢复，也就成就了现在的我乐观、自信、外向，偏好于不呈现真实想法，有些世故，并且偏好控制他人的行为甚至思想。……这段时间（初中）的经历使我能习惯于独来独往，与自己相处并不感到孤独。……这个事件的发展，因为自我的纵容，以及没有被发现并给予惩罚，使得我在自制力上的缺陷不断扩大，对于非兴趣驱使的事，都难以令我坚持。（编号CZX1）外部立场包括老师、同学、父母等通过互动性的事件来对主体的内部立场产生影响，外部和内部立场间的对话丰富。在童年期间有过多次与父母的矛盾冲突，多为父亲与我冲突，母亲在其中帮忙化解，每一次都会以相互理解而化解。并且在矛盾期间，母亲还是照样为我们准备三餐，这使我在意识中认为家庭是最安全的地方，给予我心理上的归属感并促进

了安全感的发展。同时，我对父亲从事的职业兴趣降低，关系上与母亲较为亲昵，使得兴趣性格等方面更多地受到母亲的影响。在争吵中父亲一直以讲道理的口吻和我说话，虽然会带有情绪，但在语言冲突时不会用谩骂的方式，不运用肢体暴力，不表现出轻蔑的态度，这对我的自尊心的维护与发展产生了积极作用。小学时，我在班级里自创过许多类型的游戏，几乎所有男生，包括一些女生都会参与我的游戏，听从我的安排并遵守我制定的游戏规则，我所做的事情获得了同学们的认可。这使我获得了极大的成就感，同学们对我的认可与支持，使我觉得自己的创意是可行的，自己受到同学们的欢迎，这使得现在的我非常自信，对待挫折的态度是积极应对，情绪表现稳定，行动力强。

从对人生故事的意义建构过程来看，当主体遇到冲突性的问题或者事件时，个体会感到痛苦迷茫，但会主动地去适应，同时在意义建构水平上能够不局限于当下具体事件而领悟到更深层次的意义。我至今难忘的一件事，发生在初三的下午。一节科学课上，我现在还能清楚地记得，当时我们的初中老师张老师问我："氧气在玻璃罩中点燃是什么颜色的？"我当时手足无措，一脸茫然，因为当时的我老去网吧，打电脑游戏，所以课后都没怎么记背化学反应方程式。突然，背后的科学课代表说了一个"绿色"，我便张口也回答"绿色"，结果可想而知，便是招来满堂的哄堂大笑，听着他人的嘲笑声，我觉得心里很难受，脸上火辣辣地疼。从那次起，我第一次学会了一个道理，即便是你最讨厌的东西，只要是学习，学多一点知识总是有所益处的。当主体意识到问题后伴随着痛苦体验，个体会直面问题探索反思解决问题的方式和途径。我的自尊与自信是在高中找到的。那时的我，刚进入高中的时候，因为一次小小的开学考试，使我不自信的人生出现了转折点。在这场入学考试中，我竟考到了全校前20名，这是我根本没想到的。要知道在初中的时候我从未考过如此好的成绩。我也可以考这么好的成绩！然后在第一次月考中，我充满了信心，于是又一次考了全班第一。我逐渐充满了信心，并更加努力地投入学习中去。当主体通过自己的探索和尝试找到解决问题的途径后，对自我的抉择会产生确认感，并在成就感、价值感、归属感等层面进行意义建构，从而进一步对自我进行认同和确认。不过，与之（好成绩）伴随的还有骄傲与自满，这也是我高考为什么没有考好的一个原因吧。进入大学之后我更加努力，未来我希望自己能够考研，提高自己的学历含金量。没有考上理想的大学，也让我真正地知道仅仅靠小聪明是无法真正成功的，只有脚踏实地的努力才是通往成功的唯一法门。当然进入大学，不仅仅是学习上的成就，也要提高自己的情商。（编号 CZX7）

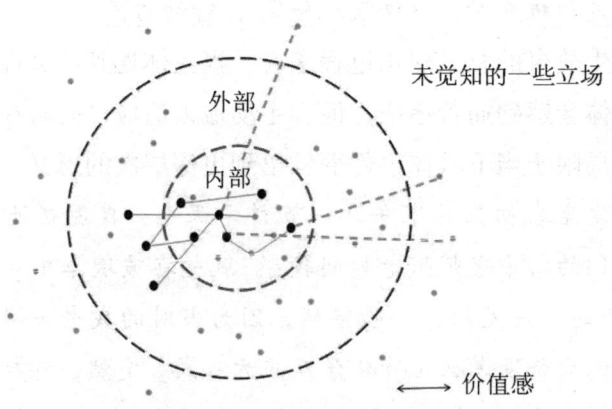

图 5-1　成长型男大学生的多重自我立场模型图及定位与再定位过程

　　综上案例分析以及结合上述结果对成长型人生故事的意义建构特点和叙事基调的分析，用图 5-1 呈现成长型人生故事参与者的多重自我立场模型图及定位与再定位过程，即在内圆的部分点更多，即这类参与者的自我立场更多样化，同时黑点更多也就是具有对话性的自我立场更多，内部立场与外部立场的对话内容多，互动对话性强（图中用虚线线条标注），在这个过程中价值感作为内在动机促进了主体的开放性，即对于不同立场间的差异持包容的、允许的、互动性的态度。无论是在当下的经历还是过往的人生经历中，成长型叙述者也会因为遇到困难而有痛苦体验，但同时主体会更多地从环境中寻找积极的应对资源去调整自己的应对方式，能够批判性地去看待问题，并在更有价值感、归属感或使命感的意义层面去建构事件对自己的影响，在各种尝试中进行深入的探索，进而对自我的兴趣、能力有更清晰化的认知，确认自己的目标和行动。

第二节　退避型男大学生自我同一性的发展特点
——三种人生故事

一、特质性退避型的自我同一性意义建构：稳定态的人生故事

特质性退避型表现的参与者的人生故事中，故事主角往往不会有太多的发展和变化，主体在对自我认知的定位上持一种稳定的、本质的、一致性的观点，叙事自我在诸多人生故事的建构过程中不会变得更好也不会变得更坏，有一种寻求稳定、一成不变的特点，当然主体必然会参与当下的和未来的任何可能的活动，只是主体在展望未来时也表现出来一种对自身情形的估计不变的倾向。

（一）叙述主题：单调平淡+归属感

表5-3　特质性退避型稳定态人生故事的叙述主题编码表

类属	分类属	主题事件
单调平淡	安于现状	1. 对自己要求不高，比较中规中矩；2. 对自己比较接纳，保持当下状态，没有真正的自我改变的动力；3. 在学习成绩、人际交往中能够应对，但并不突出
	外在动力	1. 能够完成各种任务，以完成为目标；2. 人际交往比较和谐，能够深入关系中；3. 对感兴趣的事情比较容易投入，但自控力不够，渴望外在的压力或者督促
归属感	寻求关注	1. 有稳定的社会支持系统；2. 家庭关系较为密切，认为自己的价值观、人生观主要受到家人的影响；3. 在意社会评价，渴望获得他人的认可和关注

1. 主题词：单调平淡

特质性退避型表现参与者的稳定态人生故事中报告的整个经历显得比较平顺，主体在家庭中受到的影响尤其以来自父母的影响为主，主体通过认同父母的价值观人生观获得了自我的确认，并成为自我不可或缺的一部分，主体持有这些观点来解释建构外在的生活和自己内在的心理秩序，在自我探索层面上比较单一。他们按照自己的意愿选择学习和生活方式，主体能够完成各项任务，保持中等水平不求上进，也不被落下，处于自己比较舒适的状态，对自己要求不高，更倾向于避免失败而不是追求成功，安于现状、享受当下，对于自己未来的规划也往往偏向于安稳的目标，缺乏明确的长远规划或者高远的理想，更多局限于当下的任务。但也会经历消极感受，当结果并不如自己所愿时会产生消极归因，无法将自己和问题分开，因而在意义建构时多表现为教训水平，而缺乏对更深层次意义建构的努力。

从自我成长性来看，主体呈现出有限的自我探索的状态。但不管怎样，哪怕性格很矛盾，我最本质的善良真诚还是没有变过，之后的日子就慢慢学习成长，让自己的性格变得更加符合自己的期望，<u>回到小时候那种无忧无虑的状态中去</u>。（编号 TTB6）

对未来的长远规划，主体表现出对"稳定"的需求，对展现自我的潜能和付出更大的努力寻求自我的成长缺乏兴趣，缺乏更多的现实性投入尝试。由于对理想生活的要求不高，纵观历史、对比各朝之后发觉自己所处的是一个美好的时代，<u>自己的争强好胜心又不强，所以人生的理想便是拥有一个和睦的家庭，能过上还不错的生活就可以了</u>。也因为和他人相处时少了很多争斗，心态上始终平稳，<u>很少与他人置气，易感动、易满足</u>，对和自己关系很好的朋友相处时不计较个人得失，<u>也不太在意别人的眼光，做事问自己便可</u>。曾经在街头帮老汉推一把车，给过乞讨之人 20 元钱，虽然有很大可能是遇到骗子，但只要能帮助到真正需要帮助的人，便觉满足，哪怕是一个人，即使别人说自己傻等等也不在乎。愿意相信他人，故有时不免被骗，然仍坚持己见，我行我素之风不改，不忘初心。（编号 TTB7）

对自我进行探索时，特质性退避型表现参与者的稳定态人生故事更多报告来自家庭的影响，和家人尤其是父母的紧密连接促使个体在进行自我认同的部分更多从父母价值观切入，在广度和深度上都受到局限。一直以来我就觉得自己是一个乐观、温柔、善良、单纯朴实（老实）的孩子，<u>这些特点我想均来自我的家庭、我的父母</u>。父亲一直以来就是个老实人，不懂得变通，平时没少受老妈数落，同样我的母亲她也一直教导我，不求我有什么大作为，一切尽力而为就好，但一定要堂堂正正做人，学会做人是最重要的。印象里在小时候父母虽会吵架，但几乎每次母亲都会跟我说，"你爸爸可能毛病很多，让我老是和他吵架，但是有一点是爸爸非常吸引我的，那就是他老实善良，然后虽然有些事做得让人很生气，但那也是他想给别人的温柔。"在双亲的言传身教下，我的性格也越发像他们。从性格上来说，我是完美继承了他们的"亲儿子"，有着父亲的老实、善良、内向、迟钝、温柔，也有着母亲的谦虚、外向、急躁，也许这就是我性格中矛盾的起源，既外向也内向，有时脾气很好，有时性格又是十分的暴躁，心思既细腻也粗糙，这些矛盾点在生活中时常体现，也给我带来不少麻烦。父母带给我的还有真诚和一颗感恩的心。刚开始接触我的人都会发现我过于客气了，无论是在拜托别人帮忙还是在小组合作中队友完成了某样工作我都会反反复复地说"谢谢、辛苦了、麻烦了、有劳了"。由此不少朋友同学都说我客气得有些虚伪了，虽然我自己知道我说这些话完全出于真心，但这反反复复的做派，着实让人觉得假。（编号TTB6）

现在的我是一个乐观开朗的人，我觉得这是多方面因素共同塑造的，首先我爸爸妈妈就经常告诉我做人一定要积极乐观，遇到困难的事不要轻易放弃，冷静地思考就能解决问题。除此之外，不论在小学、初中、高中还是现在的大学里，我都交到了一群好朋友，他们会在我有困难的时候帮助我。因为不会被我的同学孤立，没有遭受到同学冷漠对待，所以现在的我是一个乐观开朗积极向上的人。（编号TTB1）

当童年事件进入主体的内部对话空间时，特质性退避型表现参与者的稳定态人生故事中，来自成年人主要是父母的影响成为自我定位中非常重要的一部分，对父母的认可内化为参与者自我的一部分。年幼时的经历对我现在的影响是十分大的，当然我的家人是对我影响最大的。爷爷奶奶大伯一家一起生活，因为我是家里最小的，所以家里人对我十分宠爱。小时候的我就知道不能让家里人对我感到失望，所以从小就有点爱面子。我父亲喜欢听歌，而且是很有感情的歌。我父亲从前是开模具的，他的工作场所有时候是在家里的车库，那时候我记得我父亲听歌，我在二楼都可以听到，到现在我都还记得那么几首歌，刘德华的《练习》《冰雨》，姜育恒的一些歌，还有李琛的《窗外》。所以从小耳濡目染就喜欢听歌，当时我父亲偶尔也会放一些节奏强的，所以现在我对于情感类的歌曲与电子音乐十分着迷。后来才知道，我父亲曾开过一段时间的舞厅，听说他跳舞也很厉害，但我到现在也没有见过。小时候母亲对我还是比较严厉的，但是<u>我们一家三口是我父亲主导的，所以我的性格很健全，因为我父亲为我树立了很好的榜样</u>。我也经常和父亲一起看动作电影，小时候就很喜欢成龙、李连杰，所以从小也有想成为硬汉的想法。当然最宠我的是我的爷爷奶奶，所以在我初中叛逆期时，我不听我妈妈的话，但我会听父亲与爷爷奶奶的话，其实父亲很少管我，但是每件大事都是我父亲做主，平时家里烧饭都是我奶奶，但大事都是我爷爷做主。比如，过节过年一家人围坐吃饭，我爷爷都会发言，所以可以说我家里就是十分标准的男主外女主内的家庭，男人当家，但无论我父亲还是我爷爷都十分爱我妈妈、我奶奶，所以我也没有重男轻女的想法，如果我有女朋友，<u>我想我会继承我家的优良品质，夫妻恩爱</u>。所以<u>说我家人对我的品格兴趣有很大的影响</u>，我热爱音乐，喜欢动漫，很尊敬长辈。而且很感性，我还记得当初看《世上只有妈妈好》这部电影，我那时是小学一二年级，就哭成泪人，所以<u>我从小就是一个很重感情的人，共情能力就比较强</u>。(编号 TTB5)

2. 主题词：归属感

特质性退避型表现参与者的稳定态人生故事中，主体在对自我身份的认知中，以社会属性来对自我进行定义，在对重要生活事件进行意义建构时，获得他人的认可和肯定是主动的主要动力，因此在自我建构中主体比较容易受到外在环境的影响，环境中的重要他人或者权威人物会对主体的意义建构产生主要影响，从而改变主体自我探索的方向和内容。

我到底是谁呢？父母的儿子、同学们的其中一个同学、朋友们的其中一个朋友，或许对于某些人来说我是很重要的一个人。若干年后又可能是某人的丈夫、父亲、员工或者老板，论身份我可能有多种身份吧。

但就内心世界来看，我始终就是我，或许很长一段时间里只是个不断成长的少年。（编号 TTB6）

我出生在江苏省淮安市，从小跟爷爷奶奶一起生活，爸爸妈妈在昆山工作。每年过年时回家，那时我就经常去各个亲戚家里玩儿，也经常住在别人家里。每家都很欢迎我，对我都不错。我爷爷奶奶对我很宠爱，奶奶信基督教，经常带我一起背书，爷爷时常带我出去玩儿，负责接送我上幼儿园，带我去医院等。（编号 TTB7）

主体具有进取心但往往缺乏自控能力而没法达到自己的期待，主体内在动机的不足，容易受到环境的影响，受挫后内在会有"不平静"，但内在的对话会使得主体表现出更多的"随遇而安"。

（初中）当时的我学习成绩还不错，理科都在班级前几，后来由于家里不停让补课，暑假也要一天 8 小时地补，因此有极度厌学的心理，成绩也一落千丈。原本最好的物理（考过全校第一，可能也是全市第一），因为高二分班以后遇到了一个情商很低的老师，后来也一气之下不再听课了，这也是我比较心痛的一点，现在想起来也有一点可惜和后悔。（编号 TTB7）

（二）自我同一性意义建构的叙事基调：平和低调

总体上，特质性退避型表现参与者的稳定态人生故事中，叙述的主体叙事基调总体上显现出低调、平淡的印象，在涉及自己比较擅长、受到他人认可肯定的领域时则自信乐观，对失败经历的描述缺乏成长性的意义建构。稳定态人生叙事的主体大多认同作为衡量标准的成绩，宏观环境和微观环境中的评价体系达成一致，这类主体大多在学业上保持在中游水平，主体会去顺应适应环境做必须要做的那些事情，而不是被自己真正想要实现的理想、抱负或成就引导，实际上这类主体往往没有真正去思考过"我想要什么"，对未来发展方向的权衡也秉持着最小付出性和最大确定性的求稳原则。因此，他们对未来方向的选择和确定，并没有真正投入和探索，对自我的需要缺乏清晰的方向感，容易随波逐流，随遇而安。

在对自我进行描述时客观平实，对现实的自我认识是比较清晰的，容易满足于当下，但缺乏对自我改变和成长的动力。家庭背景不算很富有，但衣食无忧，自我认为性格外向、热情、讲原则，但又很重感情，不愿有太多麻烦，但不怕麻烦，与人在一起时独立性较差，但一个人时独立性较强，很多因素随环境、对待人所改变，喜爱动物，有爱心，智力一般，情商较高，很要面子，做作业时喜欢留到最后，但有工作上的事会当天解决。对于各种活动，可能表现得不想去，但如果有人推一把的话就会去，而且十分想把事情做好，也算是内心渴望成功名利吧。（编号 TTB5）

这类主体往往有较和谐的家庭关系，主体从人际关系中能够获得认可和满足，情感基调总体平和。从小到大，我一直都过着无忧无虑的生活，生活在一个和谐的小康之家。从小学、初中到高中，学习方面的表现都不错。跟同学们相处融洽，在平时生活中还交到不少知心好友……我有许许多多美好的童年回忆，从这些成长经历中，也培养了我积极乐观的人生态度。我的家庭很温馨，爸妈对我疼爱有加。但是爸妈从不溺爱我，他们要求我能够自己洗衣服、打扫卫生和帮助料理家务。在幼年，爸妈不仅教会我很多道理，而且还时刻用他们的行动教育着我。（编号 TTB8）

二、状态性退避型的自我同一性意义建构：发展态人生故事

状态性退避型表现为发展态参与者的人生故事中，主体对自我定位具有不确定感，在自我内在定位和外在评价定位中寻求锚定点，主体在这个阶段感受到痛苦、迷茫，外在表现中可能会出现交往中有意识地退

缩回避，主体对自己的行为有觉察并有主动性，在这个过程中主体正在经历内在对自我的探索，具有发展中的动力，指向对自我的进一步确认和整合。

（一）叙述主题：矛盾怀疑+目标感

表5-4 状态性退避型发展态人生故事的叙述主题编码表

类属	分类属	主题事件
矛盾怀疑	不安于现状	1. 对自己的当下状态不满意；2. 有改变的意愿但并不急于行动；3. 在学习成绩、人际交往中能够应对，会有意识地、主动地进行人际回避
	自我内在挣扎	1. 对自我的反思性强；2. 明了但不盲从社会评价，主体在自我认同和社会认同中权衡选择
目标感	探索改变	1. 对事物、人际的评价更多遵循自我内在的标准或者准则，有探索成长目标的需求和动力；2. 有相对稳定的人生观、价值观、世界观，同时也在进一步进行探索和选择

1. 主题词：矛盾怀疑

发展态人生故事中的参与者，其状态性退避型表现相较于其他两种，其所表现出来的回避退缩是暂时的、主动的，主体在进行自我探索和发现中，不断在自我评价和社会评价中进行调整、选择，在工作、学习、人际交往中保持或维持在一个"一般"水平，即主体是能够应对的，但没有发挥自己全部的潜能，在不确定中进行自我探索，在对自我进行反思和对话的过程中，不断用自己内在的标准和社会评价选择性地对自我进行定位和确认，在不断的矛盾和怀疑中寻求自我发展的方向，不局限于当下的任务和状态。在自我探索中也会有消极感受，对结果的成功、失败评价不局限于事件本身，能够向更深层次意义建构努力，能够将自己和问题分开，找寻自己发展和改变的方向。

我性格温和，不愿得罪人，如果我愿意的话很容易和别人打成一片。但不知为什么，自从大学生活开始以后，就不愿意这么做了，可能是因为觉得这么做太累吧，仅限于点头之交或知道名字，不愿全身心付出。……由认真演化出来的对工作尽心尽责，这是让我引以为傲的事情。同时，这也是让很多人厌烦的地方。因为尽心尽责，所以就容易斤斤计较，要求尽善尽美，让很多人都感到疲劳和厌烦，甚至对我产生敌意，这种事情让我有些心灰意冷。我放弃了好多能够锻炼自己社交能力的机会，专心做好分内事，这也足够了，这不是错，不需要改变。……我在考虑要不要做一个更真实的自己，毕竟做自己是让人很爽的一件事，不用去在意别人怎么看。（编号 ZTB1）

我认为我是一个自卑与自大的矛盾结合体，其实我是一个很自卑的人，觉得很多地方我都比不上其他人。……在生活之中我觉得我有时候挺在乎所谓的面子，在意他人对我的看法，自己说话的方式与其他行为举止，又或者是当天发生了什么重大的事情上我应对的表现，特别是当天与他人谈话的内容，我会在每天晚上睡觉之前，如同放幻灯片一般，在我脑海中过几遍。如果想到什么我出糗的场面或者一些我尴尬的行为被他人看到，总会觉得心生尴尬然后难以入睡。当然，同时我认为这也是一个自省的过程，我会修正自己不对的言行举止，然后推敲出其他的更完善的回答方式。……死要面子活受罪，这就是我最大的毛病。因为这个我吃过很多亏。……我觉得这算是我人生中需要克服的一个大问题（我女朋友也在帮助我逐渐改变我的这种状态），但是目前看来，效果并不显著。革命尚未成功，同志仍需努力，希望在大学中可以解决我这个巨大的问题。（编号 ZTB5）

无数的证书成就，我认为自己可以自负，但去掉这些成就后，我又是什么？去掉人际、成就，我是自私胆小卑微而又喜欢口出狂言的某某而已……我遇到事的时候自负接下，然后焦虑地去做那件事，因为我并不自信，也许听起来冲突，但我在事前一向自信能完成得很好，当事情真来的时候，我会想办法让人一起来做，因为我不自信。<u>同时我也不敢</u><u>肯定自己</u>，就像之前高考前老师们的惊讶造就了自负的我，高考后的成绩造就了不自信的我。我<u>经常会认为没人在乎我，经常暗地拿比我优秀</u><u>的人与自己比较，然后觉得自己卑微，我也会拿自己与不如我的人比</u><u>较，然后在他们出了一些问题的时候去帮助他们。本人会因为老是帮助</u><u>他人而获得了在同龄人中相当强大的人际网，但我有时又会认为他们存</u><u>在于我身边只是为了让我更加优秀，也会担心自己的多疑伤到真对我好</u><u>的人。</u>（编号 ZTB6）

对自我进行探索时，状态性退避型表现参与者的发展态人生故事中，更多报告通过自身经历事件的意义建构分析对自己成长的影响。在高中时期成绩一直很差，在高三时差点被老师劝退，但在我每日刻苦学习中终于进了全班前三名，令老师刮目相看，<u>自己也变得相当自负</u>。但高考落榜，给我心理造成巨大的创伤，以致后期遇到重大困难，我依然<u>会自负地说我能完成，成功完成则会渴望同级或上级的赞扬，并把其当</u><u>作理所应当。如果失败，那么这样的心理会让我更快地振作起来。但缺</u><u>点会让我对很多事并不在意，渴望赞扬和自负过度</u>。（编号 ZTB6）在谈及父母或者家人对自己的影响时，参与者并不是直接内化父母或者亲人的人格特点，而是在与父母或者家人的互动过程中，建构自身对于事物、人际关系的观点或态度。<u>我从小就被家长教育要做一个认真的人，</u><u>因为小时候做作业错的问题全是因为不认真造成的，因此家长无数次教</u><u>育我要认真，连祖父也是每个月都给我补节课教授认真的作用。</u>但直到高中毕业我也还是因为不认真而经常做错事情。<u>到了大学，反而比以前</u><u>认真了很多，不论是做人还是做事，都极度认真，不允许自己犯严重的</u><u>错误，甚至不允许自己有错误发生。由认真演化出来的对工作尽心尽</u><u>责，这是让我引以为傲的事情。</u>（编号 ZTB1）

<u>我其实知道自己并不是老好人，但我父亲是。</u>小时我和母亲在河南，他在外地读研，之后好不容易一起去了贵阳，他又去了重庆读博

士，我与父亲初期关系并不亲密，他人会说，那就是博士的孩子，怎么成绩那么差，我便不自觉地去模仿父亲的一些性格，<u>在老好人方面我直接全抄，但内心抄不了，我只是外表热心的老好人</u>。从另一角度说，<u>我的不自信也造就了我的老好人形象，我知道伸手不打笑脸人，我只需要放低自己，他们都会容易接近</u>，当他们享受到我带来的好处或是认识到我的优越感，他们对我的防线会降低，<u>我便可以利用他们，事后再给予他们好处，让他们认为我没亏待他们，让我走向更远</u>。（编号 ZTB6）

在自我定位过程中，参与者主体关注社会评价，但会基于自我内在的标准有选择地看待社会评价从而来定义自我。我收到他人的评价一直是"太认真"！没错，我活的就是<u>很认真</u>。好多人都和我说（包括一个室友）："做人能不能不要这么正经，让我看得很不舒服。"我的另一位室友对我的点评很到位："你是一个不在意别人看法的人。"是的，<u>我对所有人对我的看法，都会自己去评判，对一些我的根本方面，我确实不在意他人的看法</u>，我认为需要改变的地方，自会听一些他人的评价。因此，我对于未来的道路有了更明确的方向。而这种变化，也是我自己渴望看到的。（编号 ZTB1）

细数我之前的成就，在游戏上我做到了真正意义上的别人家小孩：<u>上海的亚军，让平时说我有本事拿个奖，别一天天瞎玩的父母肯定了我</u>。在社会上，我参与红十字会帮助了很多人，报纸也上过。在学校我是班长，学生遇到困难我会第一时间去帮助，老师有要求我也会尽力完成。在体育方面，我是国家业余一级运动员。<u>无数的证书成就，我认为我自己可以自负</u>，但去掉这些成就后，我又是什么？<u>去掉人际、成就，我是自私胆小卑微而又喜欢口出狂言的×××</u>。（编号 ZTB6）

2. 主题词：目标感

状态性退避型表现参与者的发展态人生故事中，当前主体已进入自我同一性探索的阶段，"我究竟是怎样一个人？我想要（追求）什么？"主体在不断思考、追问和定义自己，这个过程中表现出的自我矛盾、怀疑是探索过程的一部分，主体通过对过去的我、现在的我和未来的我连续性和一致性进行意义建构，主体对自我总体上是悦纳的，同时对自我又是存在不满意的，需要探索和寻找发展的方向，目标在探索的过程中逐步形成。在状态性退避型表现的男大学生参与者身上，能看到当下的"退缩回避"是发展中的一种自我防御策略，"以退为进"是探索和寻找自己改变和成长的方向，这种退避是主体主动的、有意识的行为，是拉开人际距离确定自我的过程。我性格温和，不易得罪人，如果我愿意的话很容易和别人打成一片。但不知为什么，自从大学开始以后，就不愿意这么做了，可能是因为觉得这么做太累吧，仅限于点头之交或知道名字，不愿全身心付出。……我有些心灰意冷。放弃了好多能够锻炼自己社交能力的机会，专心做好分内事，这也足够了，这不是错，不需要改变。爱钻牛角尖，爱刨根问底，虽然不影响大局，但容易给他人厌烦的感觉，暂时没有办法去改变，只能试着不再活得那么认真，让自己随意一些。……我一直不清楚我的能力到底是什么，不想得罪人，所以我做事做得很少，把大多数时间都放在了思考中，经常犯懒，不想去思考，过着浑浑噩噩的日子。我受够了，但又不知具体该怎么做，于是我也迷茫，觉得好多人都比我要强，我拿不出看家本领，很无奈。我应该试试一个人的生活，可能与人接触太多，见到太多，迷失了自己，我去找回真实的自己。（编号 ZTB1）

我觉得我可能有点躁郁症。有时候会特别暴躁，有时候则会非常抑郁，不停地思考人生，感觉自己仿佛被世界抛弃，空虚寂寞冷。……我是一个自卑与自大的矛盾结合体，其实我是一个很自卑的人，因为很多地方我都比不上其他人。……死要面子活受罪，这就是我最大的毛病。我觉得这算是我人生中需要克服的一个巨大的问题。但是目前看来，效果并不显著，可以说是惨为惨淡。革命尚未成功，同志仍需努力，希望在大学中可以解决我这个巨大的问题。（编号 ZTB5）

我经常会认为没人在乎我，经常暗地拿比我优秀的人与自己比较，然后觉得自己卑微，我也会拿自己与不如我的人比较然后在他们出了一些问题的时候去帮助他们。我会因为老是帮助他人而获得了在同龄人中相当强大的人际网，但我有时又会认为他们存在于我身边只是为了让我更加优秀，也会担心自己的多疑伤到真心对我好的人。……也许我也没那么自私，想要帮助他人也可能是为了真正帮人，但我感觉不到有这个想法，至少目前我只是想获得认同罢了。（编号ZTB6）

（二）自我同一性意义建构的叙事基调：迷茫向上

总体上，状态性退避型表现参与者的发展态人生故事中，主体叙事基调显现出在迷惘中寻求突破的那种向上的、正向的状态，在自我认可的观点、态度、评价方面，会接受、分析来自他人的评价，对自我和他人评价中冲突的部分更倾向于依赖自我内在标准，能够比较客观地评价和看待自己，对成功或者失败的经历的描述倾向于教训水平以上的意义建构。发展态人生叙事的主体并不认为成绩是衡量学生角色成功或者失败的唯一标准，更倾向于在更广泛的领域去了解自己能力的边界，比如社团活动、学生干部、兴趣小组等，"我是谁""我想要什么"是状态性退避型表现参与者的探索主题，他们对未来方向的选择与确定更趋向于广度上的探索，目前尚没有产生清晰的目标感，但这类主题不会轻易随波逐流，改变和成长性的发展动力较强。

在对自我进行定位时，在自我评价和他人评价中会进行辨别分析。我一直认为我是一个热情感性的人。但有很多人都说我是冷静理性的人。我一直不相信，所以做过很多心理测验，但最后的分析结果都是冷静理性的人。也对，一个热情感性的人怎么会那么认真且斤斤计较呢？而事实上我挺喜欢冷静的感觉。当形成对自我的某些确定感后，会付诸行动进行探索和尝试。但冷静意味着需要分析，需要面对事实，而事实一般都还是比较残酷的。因此，我宁愿傻一些，我明白一些人情世故，所以就干脆装作不懂；不想让我看起来与同龄人有所区别，所以就接触一些同龄人最爱做的事，甚至通过喝酒来打破我冷静的外表，显得我傻一些，别人占便宜也装作不知情，我自认为我已经很像同龄人了。通过对于自己的重要事件经历的意义建构，进一步确认自我的价值观念。从小就喜欢看书的我，提前看到过些许社会的运转，见过很多故事。我相信这是一个金钱至上的社会，无数事件的背后可能有恐怖的真相，但我也相信这个社会还是存在着美好的感情的，即使世界对我充满恶意，我仍愿意释放善意去找到这个社会美好的一面。若不成，就不介意。叔本华在评价他的《作为意志和表象的世界》时说过"如果不是我配不上这个时代，那就是这个时代配不上我"。（编号 ZTB1）

三、创伤性退避型的自我同一性意义建构：危机态人生故事

创伤性退避型的表现参与者的人生故事表现出具有危机态的特点，所谓危机描述的是这种状态可能发展成为个体发展的阻力和威胁，故事主角在持续性的、缺乏自主控制性的退缩回避中，可能会失去发展的基础，主体在描述各种冲突、事件时表现出缺乏有意义的建构，对自我的定位比较模糊，缺乏对自我的认可和肯定，自我叙事的情绪基调比较悲观，担心"下降"或"失败"，个体缺乏主动去发展自我的动力，严重时可能会影响个体的心理健康水平。

(一) 叙述主题：逃避否定+安全感

表5-5 创伤性退避型危机态人生故事的叙述主题编码表

类属	分类属	主题事件
逃避否定	挫折打击	1. 和学业有关的挫折事件，如高考、中考等；2. 对大学学习与生活的不适应；3. 在人际沟通和交往方面的不良经历；4. 低自控力，各种拖延行为；5. 成长经历或家庭中的冲突
	心理落差	1. 理想自我和现实自我的反差大；2. 过去的自我定位和现实自我的反差大；3. 外在和自己对自我的消极感受和负面评价多
安全感	拒绝直面	1. 自我合理化；2. 接受现状，但对自己不满意；3. 有改变的想法没有实际的行动；4. 做一些能够给自己带来成就感的事来调整

1. 主题词：逃避否定

创伤性退避型的表现参与者的危机态人生故事中，其典型特点是逃避否定，一方面体现在主体对自我的评价、对事件的意义建构、情绪基调等方面的消极评价；另一方面体现在行动取向上缺乏主动地调动自身和社会支持资源去解决问题的动力，主体在叙事中往往报告更多的消极事件和感受，在成长经历中有较多的挫败感，在对各种事件和经历进行意义建构时，缺乏有意义的反思或者停留在教训的水平上，难以在更高水平的意义层面去探索，表现出停滞不前的状态，缺乏直面挑战挫折的勇气。

在对自我进行评价时以使用消极词汇为主，对自我的认识缺乏有深度的探索分析，停留于表面行为。我深知自己是一个不爱学习和懒惰的人，没什么意志和比较随性的一个人。逃课、玩手机、睡觉，这基本成了我在大学每天只做的事儿了。我每天都想着要改变，但始终改不了。

也曾有过改变，但过了一段时间就故态复萌。我真的很想改变，但不知道为什么坚持不下来。（编号 CTB2）

平庸、无欲，这是大学阶段我的心态。不想那么累，但又不知是什么原因，我觉得光过一天就会很疲惫。我只能在这样的基础上，减少一天中不想做的事儿。社团活动什么的很少去，连周六、周日的回家这个过程也厌倦，然后我就会变得奇怪，会开始变得冷漠。即便在家中，我的表情也是如此，笑点会变高。对吃的也没兴趣，但我却很享受。仿佛这才是我想要的那种生活一般。（编号 CTB3）

读了大学之后，我觉得自己比以前更随意了，甚至随意得有点过头了。对很多事情都感觉无所谓，仿佛到了一个境界，对很多事情都失去了热情，以前很感兴趣的事情都觉得"哦，是这样啊"。感觉现在没有什么东西或事情能够激起我的兴趣，看起来浑浑噩噩地过每一天。但是我对每一天所经历的事都有思考，发现真的不能激起我的兴趣，我不知道这样的状态会持续多久。（编号 CTB4）

创伤性退避型表现参与者用幻想、被动、消极的应对方式逃避问题，缺乏对问题的有意义建构，主体的内在对话缺乏对现实有建设性的建构。我有很强的社交恐惧，与陌生人交谈对我来说比较困难，长时间的对话会使我焦虑，在公开演讲（或是班级里的上台讲什么），我会非常紧张，大脑放空，话都说不好，只想赶紧逃离。我有一种潜在的破坏性冲动，比如看到高大、宏伟的建筑就想象被炸毁、崩毁的画面。有时也会对人有突然的杀意（无理由），和别人聊天时偶尔会想到说出一些使他人不快的话语（实际并没有说出），另外还有一些违反道德的举动（意向冲动）。总的来说，我脑中常常有一些邪恶的想法，而我对自己有邪恶的想法这件事并不排斥，但也不采纳，基本无视。我有轻微的人格分裂，大多数的表现形式为自我批判，当我在思考中自我辩护时，另一个我毫不留情地戳穿我，指出我的本意（我对自己定下的规则是不能欺骗自己）。另一个我也常常和我聊天（我独自思考，他中途插嘴），另外我有时能模仿自己比较熟悉的人和我对话，类似于预测别人可能会作出的应答（不是很熟悉的也行，但概率很低）。看了这么多，你应该注意到我的句子大多都是我只开头了吧，我是一个非常自我的人，虽然不至于听不见别人的话，但自身想法一般很难因为别人的话而动摇。（编号 CTB8）

2. 主题词：安全感

这类参与者的自我报告中，重要经历事件对个体的自我同一性发展产生威胁，主体在痛苦纠结中对人生经历进行意义建构，更多指向消极、负面的评价和归因，主体也试图尝试解决问题，但多停留在思考的层面，缺乏真正的自我探索和行动改变的动力，往往又会归因于自己的自控力、学习习惯、性格等各种因素的影响，陷入自我的低评价循环，使得主体缺乏对自我的安全感，无法真正正视冲突带来的痛苦体验。

从参与者报告的重要经历中，主体对经历事件进入内部对话自我空间后，以过度防御的方式去应对和解决，在意义建构层面停留在事件本身教训的水平，过度泛化到生活经历中去，导致个体的叙事灵活性受限。威胁性的事件类型包括两大类：第一类是个体特殊的家庭环境，如单亲、离异、留守儿童等，个体的基础安全感整体不足。可能是因为我父母离婚的原因吧，我在情感方面还是比较敏感的，十分珍惜与朋友们的感情，也很乐意去跟别人成为好朋友。……我并没有他们讲得那么好。在我自己看来，我是一个害怕孤独的人，我之所以喜欢和所有人当好朋友，是因为我害怕孤独，讨厌一个人。我之所以会喜欢和朋友们一起玩是因为害怕那种感觉吧。（编号 CTB4）在我小学的时候（具体时间记不清了），父母的感情出现破裂，我父母离异后，我随着母亲一直生活至今。……父亲的身影在我的记忆中一直十分模糊。在初高中的读书生涯中，母亲陪伴我一起生活学习，同时还有一名不速之客——我的继父。说起他来，我并不想多言，尽管他待人大方，但是懒惰终究击败了他，终使他一无所成，并且给我和母亲带来了极大的痛苦。（编号

CTB8）

第二大类是使个体感到明显危险或者威胁的事件，如①交通事故。在小学时，有一次着急下车，开车门时没有注意，车门就撞到了骑电瓶车的人，幸好那人没事。<u>从那以后，我就成为一个每次开车门都会确认的人，不横穿马路、不闯红灯，好好遵守交通规则的好少年</u>。而且在平时的生活中，会一直小心不做出可能会伤害到别人的事。比如递剪刀时将握处对人。但仔细想想，这样久了之后，就<u>不喜欢和人互动了，有麻烦也不想寻求帮助</u>。（编号 CTB5）②校园欺凌事件。我的父母从小就教导我做一个乖孩子，让我好好读书、不惹事，不要做别的事情去添麻烦。这就导致在初中的时候我有时受欺负，抱着不惹事的心态，我就只能默默忍受，他们也不敢玩大的，小的我觉得和老师说也没啥意思。初三的时候，他们因为闹了大事而离校了，我终于能够安安分分读完初中，上了高中，在那一刻，我明白了，人都应是不真实的。（编号 CTB3）。③主体情感上指向有被伤害、被欺骗感觉的事件。身边的人总会让我不禁穿上盔甲，不会毫无保留把心思表达给他人。每当交到新朋友，我就会穿上防御的盔甲，倒不是我仇视他人，就仅仅是在保护我自己。与别人分享我的心事或者私密，我认为是隐私问题告诉你，你却当作趣事分享给他人，或者被人出卖。那一次，我心中莫名地抽搐。有一个朋友喊我出去，以为是愉快的玩耍，但我却被他给卖了。<u>刚落脚，就有一群人抄家伙奔向我，把我困住，其中有一面之缘的哥们，后来，只因发生了一丝不愉快的口角，就记仇了</u>。这是一个短暂的往事，导致我特别信第六感，诸如此类的事特别多，并不是很神奇的未卜先知，只是知道自己会发生不好的事，但不会明确什么事、哪一件事、什么时候。（编号 CTB6）④失窃。我很怕黑，父母平时都处于上班状态，家里只有我一个人，睡觉的房间在三楼，厕所在一楼，下楼梯的时候总是想先摸黑下到下一层才能打开灯（设置问题），另外我常常感觉有人在暗中窥视着。原因大概是：<u>看柯南的一集被吓到了，房间的门让我感觉有人</u>

通过小角落窥视我，家里曾经遭过小偷（两次，且我都有被吓醒）。（编号 CTB8）⑤高考失败。高考的失利让整个家庭陷入黑暗的深渊，我虽然考上了当地的一所二本大学，可学习氛围令我不是十分满意，在汲取新知识的同时，也不像上大学之前期望的那样充满渴望和好奇，就这样，我浑浑噩噩地度日至今。（编号 CTB9）

（二）自我同一性意义建构的叙事基调：迟疑消沉

这类参与者的叙事基调为消沉、迟疑，对自我认同与探索的相关问题的批判性反思较少，更多停留在简单浅显而具体的层面，很少上升到更深刻地去建构和反思他人、事件或情境对自我的意义。过往经历和现实的挫败会导致他们产生强烈的不安和焦虑感，遇到问题自己无法解决而不能释怀，情绪消沉低落，在心理和行为上容易失衡，这种失衡和失落往往具有长期性、弥散性，对主体的影响泛化到生活各个层面，从而产生对自我的认同危机，主体很难悦纳现实中的自我，而为了维持内在自我的稳定，主体往往需要寻求在其他领域（自己能够擅长的，比如游戏）或者关系（亚文化群体的同伴认同）或者群体中的认同来应对缓解自我的痛苦和焦虑，他们一方面缺乏探索，另一方面也未形成投入而且也不主动寻求形成投入，主体往往有改变的想法但这种改变往往是空洞、无力的。他们的目标特点是应付当下的任务，以现实需要为选择标准。

第三节　退避型男大学生叙事自我同一性意义
建构的影响因素

一、退避型男大学生自我同一性意义建构的冲突领域

总体上看，男大学生的主要冲突领域在学习、人际关系、成就、未来规划和自我认识等领域，尤其是对"自我认识"的探索是大二、大三阶段主体进行意义建构的主要领域。

成长型人生故事的参与者在同一性探索中，更聚焦成就事件，成就事件是指强调个体努力尝试达成职业的、社会的、身体上或者精神上的目标的生活事件。例如，取得好成绩、获得某种奖励、成功组织了活动或担任了某种职位等，主体有对目标的探索和达成方案，追寻自我的价值感和意义感。

在三种退避型表现的人生故事中，特质性退避型表现参与者在自我同一性探索中，更聚焦人际关系事件，在同一性发展的过程中表现出对归属感的关注。状态性退避型表现的发展态人生故事的参与者正在经历同一性危机的内在冲突，主体趋向于从更广泛的领域进行自我的探索和定位，更多聚焦于自我认识、未来发展的方向和目标的主题内容，表现出对于目标感的关注。创伤性退避型表现的危机态人生故事的参与者在自我同一性的意义建构中，挫折或失败的成就事件往往对自我认知产生消极性的一致评价，主体将消极评价认同泛化。

二、退避型男大学生自我同一性意义建构的冲突解决过程

面对冲突或困扰时，不同类型人生故事的男大学生呈现出不同的解决方式。成长型人生故事的参与者表现为主动探索，遇到问题或者困难更多视之为挑战会选择迎难而上，坚持去克服困难，相信成功的关键是学习，并且不畏惧失败。

三种退避型表现的参与者中，特质性退避型表现的稳定态人生故事的男大学生则表现为当遇到冲突时，既不积极进取，也不愿意被落下，对自己往往要求不高，采取避免失败的策略，秉持着"最小的付出，最大的确定性"的求稳原则，容易随波逐流、随遇而安地看待和解决冲突。状态性退避型表现的发展态人生故事的男大学生在遇到内在冲突时，会获取更多的信息进行自我反思，这类参与者的退避表现具有"以退为进"的功能，即在回避他人、事件或参与活动的过程中反思、确认自己的内在想法和需求，形成自己的观点和态度后，更倾向于采取行动去尝试面对和解决冲突。创伤性退避型表现的危机态人生故事的参与者在面对内在冲突时，通常采取拒绝、逃避的方式与态度，明知道需要去面对和解决问题，但这类参与者仍然不去思考、不去解决而是假装无视、逃避，迫不得已时应付了事或者完全放弃。

对比成长型的人生故事，退避型表现参与者从危机态的人生故事到发展态和稳定态的人生故事，故事的性质反映出主体自我同一性发展的不同状态，主体从安全感的获得、目标感的探寻到归属感的满足是退避型表现的男大学生的不同发展性诉求，而成长性人生故事参与者自我同一性意义建构中对价值感的追求过程中，主体外化的行为中虽然都有退缩回避的表现，但本研究倾向于认为主体的内在发展需求和意义建构特点与退避型表现是有明显差异的，大多数男大学生的同一性表现出从"依赖"到"独立"的发展趋势，在教育环境中针对不同需求的主体给

予有针对性的干预和行为指导是有必要的。

此外，我们也可以发现在引起内在冲突的事件中，成长型和状态性退避型参与者的人生故事更关注主体内部，特质性退避型表现、创伤性退避型表现的参与者更关注主体外部因素，但相对于创伤性退避型主体，特质性退避型表现的主体内在动机更强。综上，从自我同一性发展水平的视角来看，状态性退避型好于特质性退避型，后者又比创伤性退避型的自我同一性发展得更好。

三、退避型男大学生自我同一性意义建构的支持性资源分析

本研究发现，男大学生自我同一性发展的重要支持性资源包括成长环境、重要他人（父母为主）、文化资源（阅读）、幻想的应对方式和自身经历。

（一）成长环境

相对于创伤性退避型表现的危机态人生故事参与者，特质性退避型表现的稳定态人生故事、状态性退避型表现的发展态人生故事和成长型人生故事的参与者更多报告稳定和谐的家庭环境，后者往往有一定的早期优势。

创伤性退避型表现的危机态人生故事中参与者的成长环境，更多为离异家庭、单亲家庭、留守儿童，这类参与者分析家庭特殊结构对自我的影响时往往表现出比较模糊的意义建构，提及家庭时参与者的叙事基调往往更疏离、冷淡。我出生于一个普通家庭。虽然普通但也并不普通，因为我从未见过我的父亲。听我母亲说过，他在我一岁时和母亲离婚回到了他的老家湖北。我到现在也不知道他的离开对我是否产生了影响，现在对这个人已经完全没有了任何感觉。但我清楚，我以前是非常

地憎恨他抛弃了我和我的母亲的，我不知道这是不是一种影响。但经过了很多的事儿，我发现已经对他没有了任何的感觉。（编号CTB2）

我的家庭背景与一般的家庭有点不一样，我的父母在我很小的时候大概三四岁的时候就离婚了。我的父亲又在外面工作，我是由爷爷奶奶带大的。我的童年是在爷爷奶奶家度过的。那个时候我跟父母在一起一年也不超过20天，所以我童年得到的知识基本上都是从爷爷奶奶那学到的，我很高兴我有那么好的爷爷奶奶。或许是因为我是爷爷奶奶带大的，我在小时候就比较早熟，就有点像所谓穷人的孩子早当家的情况吧。在上小学的时候我就比较自立了。什么洗衣服、洗菜、打扫，都是我自己做的，从初中开始我就住校了。可能是因为我父母离婚的原因吧，我在情感方面是比较敏感的，我十分珍惜与朋友们的感情，也很乐意去跟别人成为好朋友（我的人缘还是很不错的）。这就是我稍显特别的家庭背景，这样的童年造就了现在的我。（编号CTB4）

在我小学的时候（具体时间记不清了），父母的感情出现破裂，我父母离异后，我随着母亲一直生活至今。犹记得在我更小的时候，母亲因为生计曾去日本工作3年，我被爷爷奶奶拉扯大，而父亲的身影在我的记忆中一直十分模糊。（编号CTB9）

在我的印象里，我外向、开朗，说起话来也喋喋不休。当时父母外出打工，而我跟着爷爷奶奶，性格的改变是在小学二年级以后，当时因一些事情失去了信任感。有留守的原因，也有自己的原因。持续到初中，那时，父母又添了一个弟弟，当时的状态接近崩溃。（编号CTB6）

成长型人生故事和特质性退避表现的稳定态人生故事的参与者更多报告稳定和谐的家庭环境，提及家庭时参与者的叙事基调往往是欢快的、积极的、正向的，参与者在自我报告中更多通过具体的事例，描述父母教养方式、亲子互动、重要事件处理等，分析这些事件经历对于自我成长的意义，在意义建构时不局限于事件本身，能够在自我发展水平上进行分析，相对而言，父母的影响使参与者在自我发展中更具优势。

成长型的人生故事举例（编号 CZX1）描述了自己撒谎的一件事，以及父母处理的方式对自己自我成长的意义。在撒谎后的几天，我的心思不断被这件事缠绕，变得紧张而敏感，并陷入深深的自责中。在第三天时，我向父母说出了真相，并准备好预期中会承受的极大惩罚，但是父母并没有对我进行惩罚，而是心平气和地对我的行为作出评价，并且没有任何侮辱性的语言或体罚，还对于没有把贵重物品放好的行为进行自我检讨……从父母那里我获得了<u>极大的安全感，维护了自尊心</u>，与父母建立了<u>强烈的信赖感</u>，这种信赖感与安全感的逐渐稳定，使之后的我能<u>妥善地与他人建立良好的信任关系</u>，<u>并在遇到较为急迫或者变化较大的事情时</u>，虽然紧张，但<u>仍能控制住自己的情绪而平稳地处理，不慌乱</u>。在这个名为"撒谎"的主题故事中，主体将该事件纳入自己的内在对话体系中，进行反复的自我对话，父母在解决这个事件时的应对方式，使主体在当时事后和现在回顾时都建立了正向积极的意义建构，对自我给予更多的认可和肯定，对父母给予更多的感恩与理解。

特质性退避型表现的稳定态人生故事举例（编号 TTB6）在列举了家庭生活中的具体事例后，参与者将父母对自我发展的影响进行了概括。一直以来我就觉得自己是一个乐观、温柔、善良、单纯朴实（老实）的孩子，<u>这些特点我想均来自我的家庭、我的父母</u>。<u>我有着父亲的老实善良内向迟钝温柔</u>，也有着母亲的谦虚外向急躁，也许这就是我性格中矛盾之处，既外向也内向，有时脾气很好，有时性格又是十分的暴躁，心思既细腻也粗糙，这些矛盾点在生活中时常体现，也给我带来不少麻烦。对了，父母带给我的还有<u>真诚和一颗感恩的心</u>……

我的爸爸妈妈对我的教育方式是<u>很开明</u>的，一般都是放任我自由发展，而<u>不是希望我发展成为他们理想的样子</u>，但是当我犯了<u>一些错误的时候也会纠正我</u>。我之前说过因为妈妈一般工作比较忙，所以很少管我，但是在我看来，这并不是不爱我的表现。……那一次事件让我很明显地感觉到了<u>妈妈对我的爱</u>。（编号 TTB1）

从小到大，我一直都过着无忧无虑的生活，生活在一个和谐的小康之家。……我有许许多多美好的童年回忆，从这些成长经历中，也培养了我积极乐观的人生态度。我的家庭很温馨，爸妈对我疼爱有加。但是爸妈从不溺爱我，他们要求我能够自己洗衣服、打扫卫生和帮助打理家里的家务。在幼年，爸妈不仅教会我很多道理，而且还时刻用他们的行动教育着我。（编号 TTB8）

我母亲小时候对我还是比较严厉的，但是我们一家三口是我父亲主导的，所以我的性格很健全，因为我父亲为我树立了很好的榜样。……当然最宠我的是我的爷爷奶奶，所以在我初中叛逆期时，根本不听我妈妈的话，但我会听父亲与爷爷奶奶的话……可以说我家里就是十分标准的男主外女主内，男人当家，但无论我父亲还是我爷爷都十分爱我妈妈、我奶奶，所以我也没有重男轻女的看法，如果我有女朋友，我想我会继承我家的优良品质，夫妻恩爱。所以我家人对我的品格兴趣有了很大的影响，我热爱音乐喜欢动漫，很尊敬长辈。而且很感性……所以我从小就是一个很重感情的人，共情能力就比较强。（编号 TTB5）

状态性退避型表现的发展态人生故事中，参与者正在经历自我同一性危机，思考"我是怎样的一个人"是自我报告中主要核心的命题，在这个阶段显现出更以自我为中心的特点，因而对于家庭提及的内容主要是和对自我的分析思考的内容有关的主题。……对于我性格这一部分，一直有个疑问。我和我叔叔辈聊过，知道了一件事儿，我们这一大家子中，性格都比较暴躁，我父亲是这样，我祖父是这样，我曾祖父同样如此。除了另一个亲戚和我，都是这么个性格。性格能遗传，嗯，没错。平时没什么，当我被其他人强行打断做事的时候，就会变得非常急躁。可能就是这么个原因，不想其他人因此受伤而改变了模式吧。（编号 ZTB1）

我便不自觉地去模仿父亲的一些性格，在老好人方面我直接全抄，但内心抄不了，我只是外表热心的"老好人"。从另一个角度说，我的

不自信也造就了"老好人"这一形象，我知道伸手不打笑脸人，我只需要放低自己，会显得容易接近。（编号 ZTB6）

（二）重要他人

重要他人、成长环境以及自身经历等其他支持资源共同作用影响主体的自我同一性发展，父母是大多数参与者报告的重要他人，随年龄增长，重要他人的影响更趋于被主体内化，而教师、同伴、恋人扮演更重要的角色，影响的效果取决于与主体的其他因素的交互作用。

在特质性退避型表现的稳定型人生故事中，参与者对重要他人的连接感强，对归属感的需求使得主体表现出更多的依从行为，为维系和谐关系表现出更多的妥协退避。我觉得父母对孩子的影响在一个人的人格之中占有很大的比重。我的家庭氛围还是十分和谐的，虽然不像有的家庭那样父母孩子好得可以称兄道弟，但父母的关爱不少。小时候父亲比较忙，常常在我睡着后回家，所以母亲带我的时间更长，我对母亲的依赖超过父亲。我的母亲因身为狱警，小时候对我较为严格，我对其也有些畏惧，但是不凶的时候，母亲还是很和善的，所以我并未受到母亲的影响而变得不能感受亲情，但是母亲的强势可能也少许影响了我，如今的我很难去主动下决定，特别在初高中时期。现在有所改善，可以用优柔寡断来形容，但没有那么严重。以前我用得最多的词是"随便吃什么""随便去哪儿玩"，有时候是懒得决定，有的时候并不是不想决定，而是觉得两者都挺好，作不出决定，缺少一种魄力。（编号 TTB1）在这个案例中，参与者报告了母亲的强势性格对自我的影响，主体的主动性受到了抑制。

除了父母，教师对于个体的自我同一性发展有非常重要的影响。在特质性退避型表现的稳定型人生故事中，主体对于权威型的人物有更多的认同。我运气不错，从小到现在，我所遇到的老师都是十分负责的老师，我记得幼儿园时十分影响我之后对老师态度的一件事，就是幼儿园老师给我们剪指甲。有一次老师被弹飞的指甲伤到眼睛，老师也没有怎么样，就对我们交代了一些话，便请了一个老师来看我们，然后就去了医院。我小学时，老师要求学生把自己写的作文拿上去给老师看，老师要一个个看，我不记得当时是为何但我肯定我好像尿裤子了，但是老师把我抱到她腿上，尽管我已经尿湿了裤子，但老师也没怎么表现，让我保住了面子。这位老师是从我一年级带到小学毕业的语文老师，是我一直都敬重的老师。……我初中时的物理老师很严格，这是让我再次升华的老师。当时我正处于青春期，所以难免有点叛逆，这位老师他长得很壮，但是为人风趣幽默，是我们的老大哥，我们还曾经开玩笑，叫他"严老大"，第一次让我觉得其实老师也是人也是朋友，所以我尊重那些德高望重的人，愿意去与他们交朋友，让我之后更多接触社会有了良性的开端。（编号TTB5）

小学时候的班主任对人要求很严格，记得小学一年级时，我曾经和二年级的学生打架，后来被老师狠狠处罚，即使是踩踏草地这样的事儿也会被严厉批评，一定程度上也改掉了我许多坏习惯。……上了高中以后有了更大转变，高一时班主任是刚毕业第一年参加工作的女生，因为年龄不大，长相又偏学生脸，大家面对她都比较轻松，而当时我们那一批同学里有主见的也有很多，所以长期下来我们和老师之间的关系从上下级向平级转化，态度也有所改变，更加轻松，一些玩笑也能开。（编号TTB7）在以上两个案例中可以看到，在小学阶段教师严格的教育方式对于发展主体规则意识、社会认知有着重要影响，在初高中阶段伴随主体自主性的发展，教师尊重灵活的教育方式更适合这个阶段主体发展的需要。

在状态性退避型表现的发展态人生故事中，参与者更多报告朋友、恋人对自我定位的影响。曾经和几个兄弟聊过人生，直到现在我仍记得他们对我的评价，"咱们三个人里，就数你最冷静。除了在我们俩面前，你比同龄人要成熟得多。"（编号 ZTB1）"死要面子活受罪"，这就是我最大的毛病。……因为面子问题，经常惹女朋友生气。……我女朋友也在帮助我逐渐改变我的这种状态，但是目前看来，效果并不显著，可以说是较为微弱。（编号 ZTB5）

（三）文化资源

主体在阅读文学作品中对自我加深了理解和认同，丰富了对自我的认识，在男大学生自我同一性发展的过程中，阅读作为文化资源的重要组成部分，对主体自我的发展具有重要的意义，无论在哪一类人生故事的叙事中，都有参与者报告阅读对自己成长的重要影响。

或许因为母亲是大学老师，我从小就受到古典文学的熏陶，从而培养出了我的心思细腻，就像三岛由纪夫《春雪》中的松枝那样。从高中起我开始接触日本文学，作为气质形成至关重要的高中三年，我一直受到日本古典文学的熏陶。从川端康成、三岛由纪夫到谷崎润一郎，那些作家们用略带哀愁的笔触，给我展现了一个物哀的世界。我发现自己什么也不用做就能轻松地被带入小说之中，那些对话、那些心理活动我觉得和自己是那样的相似。菲茨杰拉德在那本最伟大的小说《了不起的盖茨比》开篇就写到"每当我想批评别人的时候就记住不是所有人都受过你这样优越的条件"。我第一次看到这句话时呆愣了很久很久，我当时心中就在想这句话岂不是解决了人际交流中所有的问题吗？最后我以或许是因为太年轻说服了自己，但现在五六年过去了，每当我想起这句话时，我依旧跟当时的我有着同样的想法。这句基于共情、心思细腻和善心的话也一直是我的人生准则。（编号 FTB1）

这种思维模式的形成很大一部分是由于阅读。各种类型的书籍中，有许许多多不同的世界，蕴含着千千万万的思想观念。历史对我思想观念的发展产生了很大的影响。历史有着这样的定义：历史给人以智慧，教人以具有历史纵深感的深邃眼光去看待过去、现在和未来，而不被眼前方寸之地局限，不至于成为鼠目寸光的庸碌之辈。"读史使人明智"，历史使人接触到不同的世界观、人生观和价值观，同时不断对自身"三观"提供基石或增补改善。历史学家总是有一种观念，对于历史事件的定义始终保持一个客观标准，尽量让自己笔下的历史事件还原其原来的面目，避免受到自己主观意识观念的影响。正是这种观念的影响，使得我认为在评判事物时，不能被自己的观念笼罩，应该有一个超我思考角度。在保持客观思想的同时，要时刻警惕自己是否陷入了"不识庐山真面目，只缘身在此山中"的困境，自我意识不到却认为自己保持超脱，成为达克效应人群中的一员。（编号 FTB2）主体在阅读中引发了对思维方式和价值观念的思考，在意义建构层面丰富了建构的深度和广度。

在状态性退避型表现的发展态人生故事中，主体通过阅读建构自己的内在世界观、价值观，从更宏大的角度去理解自己和他人以及与世界的关系。从小就喜欢看书的我，提前看到过些许社会的运转，见过很多故事。我相信这是一个金钱至上的社会，无数事件的背后可能有恐怖的真相，但我也相信这个社会还是存在着美好的感情的，即使世界对我充满恶意，我仍愿意去释放善意，去找到这个社会美好的一面。若不成，就不介意。叔本华在评价他的《作为意志和表象的世界》时说过"如果不是我配不上这个时代，那就是这个时代配不上我"。（编号 ZTB1）

在创伤性退避型表现的主体报告中，同样也有早期的阅读爱好，但在后续的成长中阅读更多表现出作为一种应对现实的方式，对于自我成长的内在联系减少。小时候我很傻的，每天只知道疯跑出去玩儿，玩累了就在家看看漫画、历史科学探秘、文学书等。现在我回过头看，这些书籍是曾经给我带来很大收获的东西，即便是那些热血漫画，它也给了我一颗正义勇敢的心。如今我仍喜欢看书，但少了很多单纯看书的味道。往往是功利性地去看一些书，我自己喜欢的书如《世界通史》《哈扎尔词典》等，我却少有时间去仔细地看，仔细地做一些笔记、抄录，我会受到外界的许多干扰，我很难找到一种安静的状态去享受阅读的乐趣，是我变了吗？（编号 CTB1）

　　特质性退避型表现的主体反思了自己在成长不同阶段阅读书籍的变化已经对自我发展的影响。我一直坚信一句话，如果你是对的，那么这个世界就是对的，就像是面对一面镜子，你哭它也哭，你笑它也笑了。我的基本人生观可以简短概括成四个字就是：活在当下。（编号 TTB8）。当时（小学）家里给我买了不少书，比如十几本之多的《十万个为什么》，我每天闲暇时便一个人在家里看书。当时家里也有很多其他的书，比如童话书，还有一些武侠小说，覆盖面很广，我从那时起就看了很多书，有自己买的神话、科普类书籍，也有一些第二次世界大战纪实，例如《海岛搏杀》《碧空傲骨》等，知道很多同龄人不知道的事，也对是非判断有了一个基本的了解。……高一时曾看过一本《当纳兰容若遇到仓央嘉措》，讲述的是纳兰容若与仓央嘉措两人的生平事迹，以及他们在诗词方面的成就。比如纳兰容若那首很有名的《画堂春》（一生一代一双人）。高二以后的我也经常看一些与古代文学有关的书，见到了很多唯美的诗词，由此喜欢上了这方面的文化，晚自习时也会抱着《唐宋八大家文集》这样的书看，因此文言文能力高于一般同学，自己也乐在其中。……因为高中时期所看的书的影响，以及我初中时期长期一个人在房间里看小说，我变得有些感性，不太喜欢频繁地与他人互动，如果让我参加集体活动或者与一群人共同出游，我也能和大家玩得很开心，但是相比之下我更喜欢一个人独处，在自己的私人空间里不被打扰。……现在虽然看各种故事书，对文学仍然喜爱，有时也会突然有"阁中帝子今何在"的惆怅，喜欢胡思乱想，因为看小说时会想象其发生的样子，所以始终喜欢阅读，文字给人更大的想象空间。同时也因为看的各种各样的书很多，所以生活中对待他人的态度基本都一视同仁，即使有令自己不喜欢的行为也不会当面指出，尽量维持积极

的态度，保持乐观心态，喜怒不形于色。（编号 TTB7）

此外，音乐、漫画、电影等文化载体也在个体微观系统的自我成长过程中扮演重要角色。我幼稚的地方在于我喜欢看特摄，特摄就是奥特曼、假面骑士之类的片子。这些片子每个人小时候都看过，但是身边的人还在看的已经没有了，只有我现在还在追更新。我曾经想过，我为什么这么喜欢看假的故事，当然也得出了答案。第一点，我喜欢英雄，这一点不仅体现在假面骑士上，还体现在我喜欢美漫英雄。第二点，我喜欢正义战胜邪恶的结局，每个人心中都有自己的正义，我也不例外，我希望自己可以将自己的正义一直坚持下去。（编号 FTB3）

（四）作为应对方式的幻想

在男大学生的叙事故事中，将幻想作为一种面对困难或者挫折环境的应对方式，这在不同发展状态的主体身上都有体现。从积极的视角来看，作为一种支持性资源，有防御性的自我保护功能和适应功能，但如果主体长期使用这种应对方式，幻想与现实的边界模糊，对个体对自我同一性发展会产生不利影响。

在成长型人生故事中，主体逐步建立现实和幻想的边界，幻想作为一种应对方式是可控的，是个体在现实中未获得需要的一种补偿型替代，幻想和现实不断尝试进行连接，用更有现实感的应对方式逐步替代或减少幻想的作用。环境由原来熟悉的地方搬到了另一个陌生的地方，导致了我在初一开始时，自我感觉和其他同学存在一定隔阂。……情况好转，但仍在交友上面只限于班内同学，共同话题不多，使得初中时在行为表现上偏于内向，经常陷入自己的幻想中。初中这段时间，我在意识中架空构造出一个较庞大的纯幻想世界，并将它与现实联系，企图通过幻想的事物来打发时间，逃避一些不想做的事。这段经历使我习惯于独来独往，并不感到孤独，后期到了高中，

幻想频率降低，取而代之的是对自我的探寻和对于实在事物的思考。（编号 CZX1）

在创伤性退避型表现的危机态人生故事中，幻想成为主体逃避现实困扰的策略，主体拒绝面对问题，回避现实。在初中的时候难免受欺负，……在那一刻，我明白了，人都应是不真实的。……究竟是什么能让我去（交往）我自己也不知道。上面的事情经历了那么多，经历了那么久，高考结束后觉得有点疲惫了。这是一种疲劳效应，它至今深深待在我心中。看淡了，是我唯一的解释。通过看小说积累的素材，我幻想了一个闲适的世界，有山有水，有树有房，自给自足，风景优美，就如陶渊明《桃花源记》里一般。（编号 CTB4）

在特质性退避型表现的稳定态人生故事中，幻想更多以一种稳定的兴趣爱好的特征出现，和现实世界相比，幻想世界中更丰富多彩。当我接触到第一本大部头的书时，我忽然发现电视里的东西是多么的索然无趣，当二年级的我初次在幻想的世界里遨游后，我对书籍便产生了浓厚且一发不可收拾的兴趣。……相比于现实世界，我更喜欢将心神沉浸于虚幻或者触及不到的世界，或许是10多年对于阅读的热衷，让我觉得现实有些无趣，我更喜欢跟随作者，在虚构的世界里游荡，去体会作者笔下各不相同的人物，去体验角色各不相同的人生，而且在这之中，还会让我出现主动行为，我会为书中一个概念而去查许多资料，我会为一个理论而去找一本关于这个理论的书，这让我对宗教对科学产生了极大的兴趣。（编号 TTB4）

第六章 退避型男大学生自我同一性的
意义建构形成机制

第一节 退避型男大学生自我同一性意义建构的过程

本部分通过整体内容分析和叙事主题分析，根据代表性和典型性原则，抽取特质性退避型表现、状态性退避型表现和创伤性退避型表现的典型案例各 1 例，分析不同退避型表现主体的自我同一性意义建构历程，进而结合第五章中成长型人生故事和退避型人生故事的比较，尝试探究男大学生自我同一性意义建构的形成机制。

一、特质性退避型男大学生自我同一性意义建构的历程
——初步定向、有限探索、自我调节

在特质性退避型表现参与者的稳定型人生故事中，当主体的内在经验和现实情况出现强烈冲突时，他们会有一种非常强烈的保持获得外在认可和关注的动力，但是如果发现自己不能保持原有的自我定位或者行

为模式时，就会体验到焦虑不安等消极情绪，通过上行比较和内部比较发现不能达到自己的心理预期后，容易对自己缺乏一定程度的自信心，常常低估自己的潜力和能力，表现为缺乏广度的探索而聚焦寻求在其他领域能够获得他人的关注和认可，在意义建构的深度上不足，当努力和尝试改变认为面对无法改变的事实时，主体会主动在心理上调节适应，为选择改变原来的行动方案和目标，初步定向。这里以一个编号 TTB3 的案例来阐述说明。

主题事件 1：我是别人眼中的我。当对现在的我进行反思时，觉察到"其实我最怕别人问我是怎样的一个人，因为我也不太了解自己，所以说的都是别人给我的一些评价。"主体从人际关系中获得对自我的认知："我是个热心肠的人，喜欢帮助别人。"将对他人自我评价与自己的自我评价相结合促进对自我的反思，"我觉得自己是个很有责任心的人，不管别人交代的事情也好，自己在班级担任的职务也好，我都负责地去做。我是一个特别不服输的人，以前初中时不管什么事都想去争第一，不甘落后，现在也是一样。"通过对自我确认和他人评价之间的联系，主体获得新的认知："我好像特别在意别人对我的负面评价。"在反思中促成对自我的再次确认："我特别不服输，什么事都想做到完美，想被人肯定。"通过批判性反思，主体获得对自我同一性的确认。

主题事件 2：我的家庭。当个体对现在的我进行评价和反思后，主动去回溯自己的成长历程对于当下的我的影响。"先从我的家庭开始说起吧，我出生的时候是标准的三口之家，由于我们整个家族气氛比较浓厚，所以小时候是和哥哥姐姐们一起长大的。因为性格有些软弱，到了 10 岁妹妹出生了，这也使我发生了很大的变化。开始有了照顾妹妹的责任，也正是因为这样，我的责任意识也渐渐培养了起来，以前一直性格软弱的我也变得坚强了起来。我之所以现在什么事都认真负责去做和我妹妹有着很大的关系。"主体意识到在自己成长的过程中，家庭环境中的长幼顺序对自己性格形成的影响，在成长性的冲突事件中，当自己是弟弟妹妹的角色时性格软弱，到当自己成为兄长时性格中负责性的一面被唤醒后对自我成长的帮助，进而形成了新的反思，意识到妹妹和自己自我成长之间的联系，加强了身份认同和他人连接。

主题事件3：我害怕别人不关注我。主体不断从近到远地反复拉伸叙事距离，发现自己当下的状态中存在"我现在特别注重感情，当与别人分离时，即便素不相识的人也很容易被带入那种情景，然后禁不住伤感"。回溯自己的成长背景，发现"从小就生活在大家庭里，情感依赖比较严重，现在特别怕亲密的人对我置之不理。""可能在家里年龄比较小的关系，怕自己不受别人关注。""比如说高中的时候老师会找人去谈心，交流一下学习情况什么的，但老师一直不叫我的话我会特别焦虑，担心自己不受老师喜欢，很希望自己能在别人心中有特别的地位，体现自己的价值。""我小的时候可能存在分离焦虑，听大人们说，以前家中来客人回去时，我会号啕大哭。现在也是，当看到一些分离时的场景时也会很伤感，很容易被感动。"意识到"渴望被关注"来源于自己的成长背景中与他人关系中的依赖感，通过被关注而获得认可。在这个部分，参与者仍然停留在探索的阶段，还没有作出改变的投入。

主题事件4：成绩优势。参与者报告了成长中"好孩子"的故事，"以前小时候家里人都说我很乖，从来不让大人操心。""我小学时真的就是'别人家的孩子'，成绩挺不错，又很乖。""读了书后也是说我是个好学生，不能犯错误，成绩也不能落下。"这一阶段主体的行动取向和自我认知以他人评价为基准，自我定位于"好孩子"标签，以符合大人的评价来构建自我和行动方向"于是我就沉溺在大人们的夸奖下做着所谓的好学生"。在这个阶段，主体停留在家长的期待中，缺乏自我的觉察。在中国式的教育环境中，好孩子现象值得关注，主体在他人评价期待中放弃了自我的探索，过早关闭了对自我的觉察和反思。同时，在这个人生故事中再次应和了"个体渴望被关注"的内在动机，归属需要的满足在主体成长中是主要动力。

主题事件5：成就事件。主体在自我反思中不断建构自己的身份角色，从家长口中的好孩子成为老师眼中的好学生。"直到妹妹出生后，爸爸妈妈就没有太关注我的学习，又加上我的自控能力差，所以成绩开始下降。""但在行为纪律上我依然是个好学生。从小学到现在我已经成了绝不触犯底线的学生，对老师的话绝对服从。"主体从家庭中获得的关注减少进而替代性地开始从"好学生"身份中获得关注和认可，"这给我带来了很多好处，比如我不沉迷于网络游戏、不抽烟，也不会喝酒。我甚至会很反感那些违背老师规定的行为。"在对身份角色进行反思时感受到获益，不仅仅获得了关注，自己在行为习惯等方面也有成长和收获，但同时又辩证地意识到自己成长的问题"但也有不好的地方，比如说导致我现在不敢尝试，生怕出错犯错被责备"，主体在意义建构中获得了新的自我觉知，回避失败导致自己不敢尝试。

主题事件6：成就事件。参与者的故事流程度较好，主体从好孩子、好学生过渡到新的成长故事——好干部。主体强烈的对归属感的渴望，外在表现为用各种讨好的方式来引起其他人的关注，进而获得自我的肯定和积极感受。当年龄较小时用"柔弱"来唤起他人的关注，当读书后用好孩子的身份来获得父母家人的认可，当妹妹出生使得个体的归属感有被剥夺的感觉时替代性地用"好学生"身份来获得老师的认可，当成绩的下滑使得自我没法继续保持"好学生"的身份获得认可和关注时，替代性地产生新的成长动力，成为好的学生干部，"我初中时勉强考上了市里比较好的中学，年龄也到了青春期，多多少少会有一些逆反心理。但之前说过，我潜意识里有了绝不触犯底线的想法。所以在行为规范上，我没有出现什么大问题。""但我开始不学习，成绩一塌糊涂，我开始全身心投入学生会的工作。""在初二的时候就成为当时第一个初中的部长，并连续两年被评为优秀学生干部。"新的角色身份的成功，使得主体再次获得认可和强化。"正是因为这一点，有了保送到高中部的机会，但成绩并不达标。""初三最后一年，成绩终于达到了保送的要求。""到了高中，我仍然全身心投入学生会的工作中，将学习抛之脑后，之后的两年也连续获得优干的称号。"同时主体进一步获得了能力上的自我成长和认可，"正是因为有这么一段经历，所以让我拥有了一定的领导能力，也可以和不同年龄的人相处，各方面能力都得以提升。"

主题事件 7：现在的我。主体对自己的人生故事进行反思梳理后再次回到关于"我是谁"这个问题，与故事开篇中不确定的感觉相比，在结尾处个体的主体感增强，进一步确认了自我："现在的我虽然受过去很多影响，但今后的经历也还会改变我很多东西，但我本质的东西是不会变的。"通过对过去的我的自我反思，个体提升了自我的满意度"我对于我目前的自己很满意，但也承认我还有很多需要改进的地方。""我不要求自己脱胎换骨，但希望自己有一些改变，改掉自己的不足。"通过主题故事的叙述，个体获得了更多的自我觉察，加强了自我肯定。

主题事件 8：我的目标。主体在进行自我叙事时，叙事距离从由近到远又拉回当下，又由近及远地开始探索自己的未来。"我属于传统思想的那种人，也不能绝对说我很传统，只是接受的教育是传统模式的。""因为从小就对老师敬畏，所以我一直想做一名教师，从很久以前到现在都没变过。""到了大学，因为学心理学专业，开始对这门学科产生了浓厚的兴趣，今后可能会考研。""当然，我不会放弃教师这个梦想。""这就是我，希望今后我能保持自我的长处，不增加短处，干货满满不虚度一天。""为了自我理想而奋斗下去。"

综上，总结参与者 TTB3 自我同一性的意义建构过程：从主体的叙事连贯性上来看，时间序列、情境描述都比较清晰，对自己的感受、心理活动的觉察和表述也比较清晰，叙事经历从儿时到小学、初中、高中、大学，每个部分的主题之间都有内在的联系；从意义建构的复杂性上来看，主体能够对事件进行反思和理解，并在一定程度上从自我成长中获得模糊的意义感。从整体的人生故事访谈中，大部分的主题事件中都贯穿着被他人关注、喜爱的主题，尤其是来自家族、父母、老师等权威人物的认可和肯定是个体成长的主要推力，归属感的获得对于个体的成长有着重要的指导性意义，相对而言个体的内在需求、对生活的关注点相对单调，缺乏更有广度的探索。主体对自己"获得他人的认可"的自我定位是准确的，并且能够解释和指导自己的行为调节，但这种调节又是有限的，主体的自我分化水平较低，也就是说这类主体更容易受到外界因素影响，混淆自己的情绪与他人的情绪，面临压力时常常有两种应对方式：一种是通过主动依赖亲近他人减轻压力；另一种是通过回避依赖他人来保持内在的自主性，这种对归属感的追寻和应对冲突的方式是特质性退避型主体自我同一性的重要组成部分。对每一个主题事件中自己的行为的结果和意义能够进行反思，通过对事件的认可和自我成长肯定，这在一定程度上强化了主体的自我意识，但同时主体对他人、事件的反思停留在关系依赖的层面，而缺乏对自我更深入的批判性反思，这使得主体的同一性探索停留在这种状态，而不能对自我有更大的突破，对自己的理想目标设定有了初步的确认。正如 McLean 在人生故事中所提出的两个基本假设：叙事过程能够表现或强化主体对于自我重要同一性的投入，也可增加投入和行为间的连贯性。此外，主体人生各阶段重要事件的主题几乎全部是成就事件，从好孩子到好学生到好学生干部，未来可以想见会期望成为好老师，人生主题意义的明确和清晰同时也单一不变，缺乏在更广泛领域的深度探索，反映了特质性退避型表现参与者其意义建构历程，概括为"初步定向、有限探索、自我调节"。

综上，用图 6-1 展示特质性退避型男大学生的多重自我立场模型图及定位与再定位过程，在内圆的部分点更少，即在内部立场中主体对自我的描述评价少而单调，更多依从外部立场中的观点而形成，在外部立场中的黑点和灰点更多，即这类参与者更多受到外在立场的影响而进行自我定位，用实线箭头线代表外部立场中老师、父母、同学等重要人际关系对主体的内部立场产生影响，尤其是权威性的人物或者观点对这类参与者的内部定位影响突出，在这个过程中归属感作为主要的内在动机促进了外部立场对内部立场的对话。无论是在当下的经历还是过往的人生经历中，这类主体倾向于用同化的方式来解决问题，内在的冲突体验较少，叙事基调情绪平和，更多以直接接纳的方式去看待问题，在归属感的驱动下去建构事件对自我的影响，缺乏主动地去进行各种尝试和深入的探索。

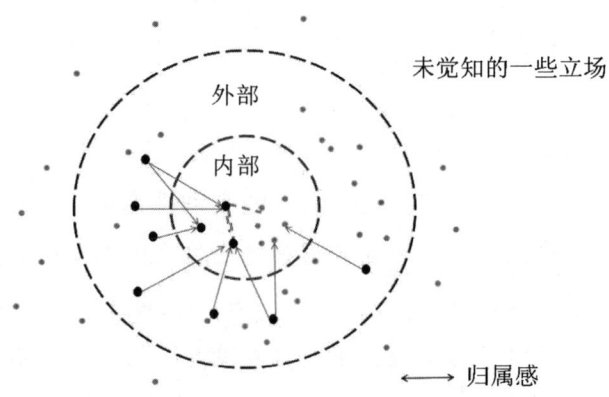

图 6-1　特质性退避型男大学生的多重自我立场模型图及定位与再定位过程

二、状态性退避型自我同一性意义建构的历程

——矛盾怀疑、广泛探索、自我锚定

在状态性退避型表现参与者的发展态人生故事中，总体上看主体的自我同一性叙事连贯性较好，故事的时间序列比较清晰，主体在过去的我和现在的我中不断建立稳定性和一致性的连接，对自我和他人评价中的冲突会产生矛盾和怀疑，当主体的内在经验和现实情况出现强烈冲突时，这类参与者会参照自我内在对标准进行思考和评价，能够对外在的

社会评价保持一种距离，当发现与原有的自我定位或者行为模式不一致或者冲突时，主体也会体验到焦虑不安等消极情绪，但仍会以内在标准来进行自我定位，外在出现的退缩回避的行为是有意识的一种防御策略，尝试对自我进行更多的探索，改变的意向和动力本身具有目标属性，主体在当下的状态中尚未达到理想或者满意的成长状态。本部分以参与者 ZTB1 为典型案例进行分析。

　　主体进入自我探索的阶段，对自我的描述较为清晰："我性格温和，不易得罪人，如果我愿意的话很容易和别人打成一片。……由认真演化出来的对工作尽心尽责，这是让我引以为傲的事情。……我一直认为我是一个热情感性的人。"

　　同时，主体当下正经历自我同一性的危机，面临自我认知和他人评价的内在冲突。冲突事件 1：人际交往的主动性退避。"自从大学开始以后，就不愿意这么做了，可能是因为觉得这么做太累吧，仅限于点头之交与知道名字，不愿全身心付出。""我宁愿傻一些，我明白一些人情世故，所以就干脆装作不懂；不想让我看起来与同龄人有所区别，所以就接触一些同龄人最爱做的事，甚至通过喝酒来打破我冷静的外在，显得我傻一点，别人占便宜也装作不知情，我自认为我已经很像同龄人了。"

　　这类参与者的退避型表现是自我同一性探索阶段的表现，个体有自己内在的标准，成长目标逐步形成。"我对所有人对我的看法，都会自己去评判，对一些我的根本方面，我确实不在意他人的看法，我认为需要改变的地方，自会听一些他人的评价。因此，对于未来的道路有了更明确的方向。而这种变化，也是我自己渴望看到的。""我相信这是一个金钱至上的社会，无数事件的背后可能有恐怖的真相，但我也相信这个社会还是存在着美好的感情的，即使世界对我充满恶意，我仍愿意释放善意去找到这个社会美好的一面。若不成，就不介意。叔本华在评价他的《作为意志和表象的世界》时说过：'如果不是我配不上这个时代，那就是这个时代配不上我。'"

综上，总结参与者 ZTB1 自我同一性的意义建构过程：从主体的叙事连贯性上来看，主体对事件经历、情境等内容描述比较清晰，但事件的时间序列并不是按照事件的发生时间来描述的，而是取决于与自我定位有关的事件内容选取。对于自我和外在评价之间的冲突带来的矛盾和痛苦，主体对自己的感受、心理活动的觉察和表述清晰；从意义建构的复杂性上来看，主体能够对事件进行批判性反思，基于自我内在的价值标准来赋予意义感。从整体的人生故事中，主题事件主要关于自我认识，即"我究竟是怎样的一个人""我打算成为怎样的一个人"。主体更多从内在标准来评价自我，对于父母、老师、同学等社会支持系统的评价持审视的态度，优化自我和指向未来的目标感是个体成长的主要推力，即目标感的获得对于这类个体的成长有着重要的指导性意义。相对而言，个体对内在需求关注高，对自我尝试更有广度的探索。参与者在自我评价和他人评价的不一致时会尝试去获得更多的信息来确认，对别人不认可而自己认可的部分进行自我肯定和接纳，但同时对这种冲突带来的矛盾感，主体还没有找到更好的应对方式。目前只能通过在人际交往、社会活动等方面的有意回避来减少冲突，这种逃避退缩可以看作是自我同一性发展过程中的"权宜之计"，主体继续尝试探索新的解决方案，主体在对事件中自己的行为结果和意义进行反思，这个过程本身是主体在回应"我是什么样的人""我会做什么样的事"。综上，状态性退避型表现参与者其意义建构历程，概括为"矛盾怀疑、广泛探索、自我锚定"。

综上，基于状态性退避型人生故事自我同一性意义建构的特点、过程和典型案例，用图 6-2 展示状态性退避型男大学生的多重自我立场模型及定位与再定位过程，内圆的部分点更多，即在内部立场中主体对自我的描述评价更明确；黑点多于灰点，即具有对话性的自我立场更多，外部立场中的黑点和灰点分布更广泛，主体对外部立场中的观点更多通过和内部立场观点的比较、商榷来接纳或者否定，即内部立场的自我定位更具有主导选择性，用实线箭头代表内部立场对外部立场产生影响，在这个过程中目标感是主体当前的主要内在动机，影响外部立场和内部立场、内部立场和内部立场、对话性立场和非对话性立场的对话。无论是在当下的经历还是在过往的人生经历中，这类主体当前内在的冲突体验带来更多的矛盾怀疑，主要以批判性反思的方式去看待问题，在目标感的驱动下去建构事件对自我的影响，有去进行各种尝试和深入探索的需求，但目前以退避型的表现来应对自我的矛盾怀疑，有自我改变的需求和动力，但目前还没有行动上的投入。

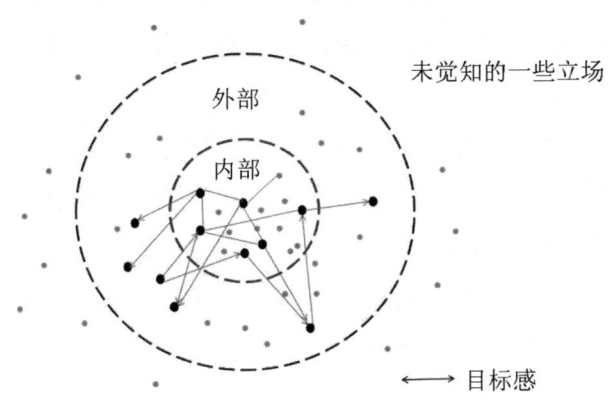

图6-2　状态性退避型男大学生的多重自我立场模型及定位与再定位过程

三、创伤性退避型男大学生自我同一性意义建构的历程
——体验痛苦、自我放任、陷入痛苦

在创伤性退避型表现的危机态人生故事中，当主体的内在经验和现实情况出现强烈冲突时，主体感到明显的痛苦，不愿去面对，通过自我放任或消极应对的方式去回避问题，通过在其他领域中获得的成就感或

者满足感来抵消冲突所带来的压力，如游戏、人际交往、社团活动等，最终产生弥散的消极性的情感体验，泛化到对自我的消极评价等方面。下面以参与者 CTB7 为案例进行分析。

冲突事件 1：我不再是那个优秀的我

"在高中之前，毫不害臊地说，我自以为是一个学习成绩优秀的孩子。当时的我自认为配得上那些阳光的词汇：自信、积极、聪明、耐心、乐观，在学习上几乎没有让父母数落过。初中毕业，我如愿以偿进入了公认的重点高中。"主体在过去的成就事件中的外在自我归因风格影响对失败或者挫折感觉的认知和应对。"然而在河南，最不缺的就是人。比我成绩优秀、比我见识广博的大有人在。当我真正进入这种人均优秀的环境中时，我忽然意识到之前那些词汇，与我无关了。那些优越不过是被放大、被关注带来的结果罢了。"主体经历现实与原来心理体验反差的冲突，对自我产生了否定，体验到痛苦，主体以消极的防御方式去应对，进一步加深了对自我的否定和消极评价。

冲突事件 2：没人关注后的我选择当逃兵

"当在这样的集体不再被关注，常人一般会有两种反应：一种奋起拼搏，再次赢得当初的种种；另一种从此消沉，成绩一落千丈。我呢？不争气地成了后者，在一个一本上线 94% 的高中里，做了最丢人的6%。我当时一直觉得，我其实就是懒癌犯了，就是在逃避。那时我经常逃课，其实完全可以去上课，可就算不去我也不会继续睡觉，会拿出被学校三令五申要求禁止携带的手机，会悄悄躲避老师宿管的'围追堵截'，懒到连出门上课都做不到，只要有机会就那么躺着。冬天里，手冻僵了，脚流着汗，口干舌燥。可我不愿意闭上眼睛，不愿意把手伸进被窝，甚至不会起来好好喝水，简直就是又作又懒，就这样浑浑噩噩度过了 3 年，每天带着极度厌学的心情待在寄宿制学校。"面对挫折情境，主体选择以逃避、消极的方式应对，并泛化到各种情境中去，主体体验到更弥散性的消极体验："失去了几个原本交心联手的挚友，逐渐把自己封闭。"

冲突事件3：当我试图去寻求帮助时再次遭遇痛苦

"我也尝试过<u>从家庭中获取一些关注</u>。不幸的是，自高一我姥爷确诊胃癌晚期起，全家人没有多余的精力关注我。确实，这种时候拿自己黑色的成绩让原本灰色的日子更加黯淡吗？妈妈也自信地认为一个听话10年的孩子应该不会在最关键的时期掉链子，结果还是让他们失望了。高中三年，数高三这一年最关键。而我的高中生活可以说从开学第三天起就结束了，剩下的只是行尸走肉式地重复度过日子。那天，与疾病对抗两年的姥爷还是败了，走了。自此，我能感觉到父母对我成绩关切中的那种闪躲，我没有颜面提及自己的学习，都知道当时距离崩溃仅仅只差那么一根弦了，谁都不敢去碰触。"主体将自己进行上行比较后，对自我产生了怀疑，对于挫折情境归因为缺乏外部关注，继续选择逃避的应对方式来解决矛盾，当未获得期待中的满意结果时，用更消极的方式放任自我，来逃避面对问题，主体始终没有有意识地寻求内在的改变。"讲了这么多自己以往的不堪，其实回头看看，好气又好笑。"拉开叙事距离后，主体缺乏对自我的进一步反思，本质上仍然在逃避面对自我。

冲突事件4：现在的我和理想的亲密关系

"想想现在的自己。我是<u>一个极度理想主义</u>的人，<u>希望有一段幸福美满的理想化的感情</u>，不是靠多巴胺支撑起的新鲜感式的爱情，偏执地以为爱情应该是让人感到放松、感到身心愉悦的一种灵魂层面的契合，在一次次被支持、被理解中磨合出来的才是坚定的基础，所谓一见钟情看似美好，却往往因其短暂易逝而令人惋惜。我不想让这样一件终身大事草草地被多巴胺主宰，也正因为如此，我大概很难找到这样一个灵魂契合的个体，所以宁缺毋滥。再反省之后觉得'宁缺毋滥'只是一种说起来好听的说法，其实就是太极端，<u>要么拥有得完美而彻底，要么失去得空虚而彻底，要么活泼开朗自信，要么胆小内向自卑，我很难做到</u>

中和中庸，不敢轻易表露爱，因此容易孤僻而疏离。"在这个冲突事件中，主体通过描述对理想亲密关系的理解，来反思现在的我和理想的我的冲突，主体在这个部分意识到自我的冲突矛盾之处，即理想的我和现实的我差距过大，主体在自我设置的巨大"鸿沟"中缺乏也无法行动，主体尚在亲密关系的层面去思考这种反差，没有对自我的改变去进行更多的探索。

冲突事件5：孤独之我见

"有人说，大学生要学会享受孤独，那什么是孤独？

"林语堂的一段话说得最精辟：'孤独这两个字拆开来看，有孩童，有瓜果，有小犬，有蚊蝇，足以支撑起一个盛夏傍晚间的巷子里，人情味十足，稚儿擎瓜柳棚下，细犬逐蝶窄巷中，人间繁华多笑语，唯我空余两鬓风。孩童、水果、猫狗、飞蝇当然热闹，可都和你无关，这就叫孤独'。

"我一直在学习，却学到了各式各样的关于亲密的知识，得到的只是尽可能避免'间歇性踌躇满志，持续性混吃等死的堕落'。

"村上春树说：'哪有人喜欢孤独，不过是不喜欢失望罢了。想了很多关于孤独的东西，总有人叫我适应甚至享受它，可我实在学不会，同样学不会的还有怎么改变孤独的现状，单一个爱字，在我看来是远远不够的'。"

在这个冲突中，主体面对自己现实的孤独，尝试去理解孤独，引用了两段名人名言来对孤独进行注解。一方面我们可以看到，在这个案例中恰好体现了埃里克森所述该年龄阶段自我同一性发展的主体"亲密对孤独"；另一方面，可以看到主体的探索缺乏实际行动，更多是在"空想"中获得自我安慰。为自己逃避亲密关系的建立寻找理由，"逃避"成为主体一种稳定的泛化的应对方式。

总结参与者 CTB7 自我同一性的意义建构过程：从主体的叙事连贯性上来看，时间序列、情境描述都比较清晰，体现出自我的连续性和一致性；从意义建构的复杂性上来看，主体对事件缺乏深刻的思考和理解，没有意义感的生成。从整体的人生故事叙事中，主体表现出的心理和行为特点是"需要被他人关注、逃避不敢面对挫折、缺乏建设性的行动"，当我是"好学生"这个认知受到冲击时，从"我是一个成功者（好学生）"变成了"我是一个失败者（和他人上行比较）"，主体过去自我建立的所有安全感被破坏，感受到极端痛苦，面对这种痛苦的感受，主体选择以逃避的方式来应对，主体缺乏对成功或失败情境的批判性反思，将成功归因于内在能力，面对困难或挫败时畏缩不前，自我放任，进而使得自己进入到痛苦—逃避—挫败—痛苦—逃避—挫败的"恶性循环"，对自我缺乏探索的动力，没有改变的行动和投入。综上，创伤性退避型表现参与者其意义建构历程，可以概括为"体验痛苦、自我放任、陷入痛苦"。

图 6-3 展示了创伤性退避型男大学生的多重自我立场模型及定位与再定位过程。内圆的部分黑点和灰点都少，在内部立场中主体对自我的描述评价模糊、负面评价多；外部立场中的黑点和灰点也少，主体从外部立场中获得的评价同样缺乏，主体在以往的经历中缺乏有意义的自我同一性建构，自我的安全感是这类主体主要的内在动机，这种封闭性的自我防御和保护使得个体内部立场的丰富、外部立场的进入都受到了影响，进一步使得对话空间受限。无论是在当下的经历还是过往的人生经历中，这类主体倾向于以退缩回避的方式来逃避问题，过去的内在冲突体验仍未解决，缺乏对过去经历进行更有意义的建构来促进自我的发展，更多以逃避否定的方式去看待问题，缺乏主动的尝试和探索。

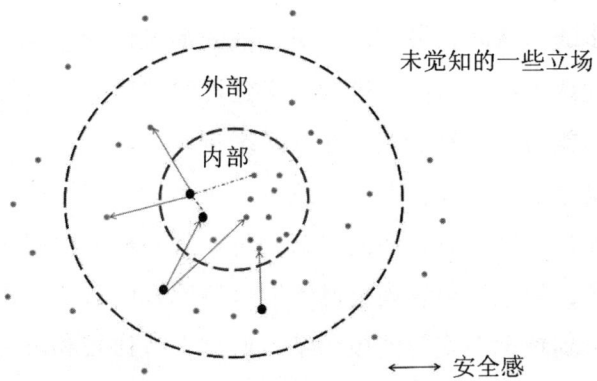

图6-3 创伤性退避型男大学生的多重自我立场模型及定位与再定位过程

第二节 退避型男大学生自我同一性意义
建构的形成机制探讨

一、退避型男大学生自我同一性意义建构的过程分析

自我同一性的形成是主体通过对以往生活经验的选择性叙事进行不断反思、建构自我的过程。通过对自己关键性事件的叙述，男大学生开始在事件中思考该事件对自己的意义何在、自己的收获与教训为何，并在此过程中获得对自己的深层次理解与觉知。

创伤性退避型表现危机态人生故事的参与者，当主体的内在经验和现实情况出现强烈冲突时，主体感到明显的痛苦，不愿去面对，通过自我放任或消极应对的方式去回避问题，通过在其他领域中较为容易获得的"成就感"或者"满足感"来抵消冲突所带来的压力，如打游戏等让主体感觉自我有可控感的事情，但这种逃避冲突的方式会使主体对自我本身进一步缺乏认同，最终产生更弥散的消极性情感体验，泛化到对自我的消极性评价中，主体在进行意义建构时更倾向于直接接纳，缺乏批判性反思的能力，容易受到外在因素影响。

特质性退避型表现成长态人生故事的参与者，当主体的内在经验和现实情况出现强烈冲突时，他们会有一种非常强烈的保持获得外在认可和关注的动力，但是如果发现自己不能保持原有的自我定位或者行为模式时，会体验到焦虑不安等消极情绪，通过上行比较和内部比较发现不能达到自己已有的心理预期后，容易对自己缺乏一定程度的自信心，常常低估自己的潜力和能力，表现为缺乏广度的探索而聚焦在寻求其他领域能够获得他人的关注和认可，在意义建构的深度上表现不足，当努力和尝试改变无法实现时，主体会主动在心理上调节适应，选择改变原来的行动方案和目标，初步定向。

状态性退避型的成长态人生故事的参与者正在面临同一性危机，冲突的事件为自我认同和他人评价的冲突、理想自我和现实自我的冲突，冲突带来的痛苦使得个体有意识地在人际交往、学业或社会活动等方面表现出退缩回避，进一步面对冲突使得主体进一步自我探索，如果主体的自控力不足会导致个体对自我进行负面评价，对行动的执行力和自控力是这类主体尚且未进入下一发展阶段的重要原因，主体往往能够意识到自己自控力不足的问题，需要行动力上的突破。

成长型的人生故事中主体对近期事件的关注度会更高，更聚焦于现状的认识与改变。无论是在当下的经历还是过往的人生经历中，成长型人生故事的意义建构叙述者也会因为遇到困难而有痛苦的体验，但同时主体会更多从环境中寻找积极的应对资源，去调整自己的应对方式，能够批判性地去看待问题，并在更有价值感、归属感或使命感的意义层面去建构事件对自己的影响，在各种尝试中进行探索，进而对自我的兴趣、能力有更清晰化的认知，确认自己的目标和行动，主体在进行意义建构时的归因风格更倾向批判性反思、内在比较和向上比较。

综上，如表6-1所示，通过对比成长型人生故事和退避型表现的三种人生故事，男大学生自我同一性形成过程可以分为三个阶段：第一阶段表现为遭遇问题、迷茫适应；第二阶段表现为是否能直面问题、探索反思；第三阶段表现为是否能解决问题、抉择确认。成长型的人生故事的参与者在冲突的意义建构中更关注自己的收获和转变，关注事件对自我的意义，从而加强或者丰富对自己的自我认识。创伤性退避型表现的参与者所报告的内容以消极感受和情绪为主，对自己的成长或者收获的内容很少进行建构，意义建构更倾向于关注事件本身，而缺乏对探索自我、认识自我层面的深入加工。特质性退避型表现的参与者在冲突中所报告的感受和情绪相对平和，能够报告事件对自己的影响或自己的收获，但反思性的意义建构程度不高，相对缺乏在自我认识层面或者事件对自己影响和改变的层面的建构，自我同一性的探索的广度和深度都不够。状态性退避型的发展态人生故事中，参与者在冲突的意义建构中自我内部定位较为清晰，冲突事件多为自我定位和他人认同的冲突，主体在解决冲突过程中更关注自己的收获和转变，关注事件对自我的批判性反思，进而加强或者丰富对自己的自我认识。综上，在三种退避型表现的男大学生中，成长型自我同一性建构的主体相对而言更倾向使用批判性反思、内部归因、内在比较，目标清晰，用积极方式应对问题，追求价值感和意义感；状态性退避型的发展态人生故事中，主体对自我的批判性反思较多，通过内部和外部、内部和内部的自我对话不断进行探索，主体陷入痛苦迷茫的状态中，主体当下用退避型的表现来应对内在的冲突，在自控力和执行力方面尚显不足，仍在探索过程中，尚未形成明确的目标；特质性退避型表现的主体以直接接纳为主，有一定反思能力，外部归因相对更多，主体尚未在更广阔的领域进行自我的探索，自我的潜能未充分获得发展，归属感的满足和获得对这类参与者至关重要；创伤性退避型表现的危机态人生故事中，主体描述他人、事件带给自我的消极感受、痛苦体验较多，他人或事件对主体的影响、收获在更有建设性意义的层面建构得少，更倾向于对事物的直接接纳和外部归因，从自我同一性发展的状态来看，成长型人生故事好于退避型表现的参与者，其中状态性退避型表现的参与者更可能发展到自我同一性延缓或者达成状态，稳定型退避表现的参与者可能出现自我同一性过早闭合状态，创伤性退避表现的参与者更多指向于自我同一性扩散的状态。

表6-1　退避型男大学生自我同一性形成的发展阶段分析

序号	发展阶段	成长型人生故事	退避型人生故事		
			特质性退避型：稳定态人生故事	状态性退避型：成长态人生故事	创伤性退避型：危机态人生故事
1	遭遇问题迷茫适应	乐观积极	单调平淡	矛盾怀疑	逃避否定
2	直面问题探索反思	正视面对	广度和深度探索的不足	正在探索阶段	缺乏探索，消极应对
3	解决问题抉择确认	寻求价值感	寻求归属感	需求目标感	寻求安全感

二、退避型男大学生自我同一性意义建构的形成机制分析

（一）自我同一性意义建构的机制分析框架思考

1. 从叙事探究的自我同一性模型来看意义建构

埃里克森认为，自我同一性是个体通过连接自己的过去、现在和未来的过程，从而获得自己生命历程的连续性，肯定自我存在的意义，本研究中自我同一性强调的是自我的连续感的获得和自我定位的过程。自我同一性状态取向的研究从探索与投入的领域、水平等关注个体的同一

感获得，强调投入和探索在自我同一性发展和形成的机制中的作用，对生活的选择探索是主体自我同一性健康发展的主要成分，而这一探索的过程离不开主体的思考和反省；自我同一性的叙事取向研究从反思性建构中强调自我认同过程中的主体性，叙事范式呈现的是个体随时间进行自我同一性整合的过程。叙事以时间为主要维度，将我们的日常行为和生活事件建立联系，将独立的事件系列组织起来进而获得连续性，这正是叙事的意义和价值，这种连续性就是一个人的自我同一性。人们在对自己的过去、现在和将来的连续性感知中，通过叙事来建构和重构自我，从而发展出稳定的自我同一性。Habermas 和 Bluck 认为在青年晚期和成年早期，主体能够从一个稳定的视角，发展出构建因果一致性和主题一致性生活故事的能力，恰恰是这种能力塑造了稳定的自我。McLean 认为叙事是个体探索自我同一性的方式，叙事的过程可以表现或强化主体对于自我重要同一性的投入，从而能够增加投入和行为之间的连贯性。综上，人生故事以主体经历的生活事实为基础，又加入了主体对于这些经历的感受和理解，因此它是超越了事实的、有意义的、连续的叙事，自我不是通过测量人生故事而获得成长，自我本身就是故事。

Park 整合已有学者相关理论并提出了意义建构模型，有以下 6 条共识性的原则：一是人们拥有定向系统，通过广泛的意义解释行为动机和为他们的经历提供认知框架。二是当情境对广泛意义带来可能的挑战或有潜在压力时，主体会评估情境并赋予它们以意义。三是被评估的意义与广泛意义不一致的程度，决定了主体遭受痛苦的程度。四是差异引起的痛苦，导致了意义的建构过程。五是通过意义建构的努力，人们试图减少评估的意义与广泛的意义之间的差异，重建对世界的意义感以及自己生活的价值感。六是此过程成功后，主体可以更好地适应压力大的事件，自我调节比较好。模型如图 6-4 所示。

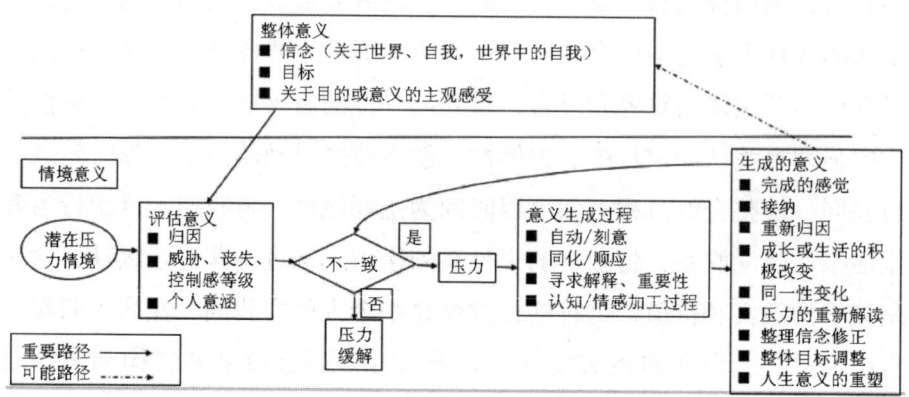

图 6-4　意义建构模型

　　在本研究中，在梳理已有概念与理论的基础之上，认为大学生群体从高中进入大学阶段，在新环境中寻求自我发展时，会根据自身的探索领域、投入水平，参照重要他人的行为、观点等，在对自己进行全面、客观评估的基础之上进行反思，作出选择，确定自己未来的方向。对人生故事的建构反映了个体当下自我同一性发展的特征，通过对人生故事的反思，其结果是个体能够将过去、现在和未来连接起来，获得一种连续感与安全感，从而能够悦纳自己，放开胸怀拥抱未来，从这个意义而言，生命故事可以建构个体的自我认同感的人格水平。

　　2. 从自我与文化相互作用模型来看意义建构

　　Wang 和 Jens 认为自传体记忆与自我概念是两个相互联系、相互作用的意义系统，它们共同建构在微观（如亲子互动、家庭关系等）与宏观（如社会习俗、文化传统等）背景中，如图 6-5 所示，因此自传体记忆是自我、文化和叙事性交流之间的动态发展过程。自传体记忆和自我概念既受到文化类型的影响，也是文化类型和自我观代际传承的主要载体。宏观的文化背景通过文化实践、文化符号或文化产品（如宗教、语言、民俗、民歌以及文化象征物等）来影响自传体记忆与自我概念，同时自传体记忆也通过对这些文化实践、符号或产品的保持起到传承文化的作用。在文化、自我和记忆的相互作用过程中，微观环境中的叙事活动发挥了重要的中介作用，如家庭故事、交谈等。所以某种意义上，自传体记忆也可以被看作是基于叙事活动的文化记忆。将主体置于生态背景中，从微观系统（主体直接体验的活动、社会角色、人际关系等模式）、中观系统（由两个或多个主体参与其中的情境组成，是微观系统之间的联结，如夫妻关系、师生关系）、外系统（主体没有参与其中，但会影响到主体发展的情境，如父母工作的环境）、宏观系统（整个文化或亚文化层面，如意识形态、习惯或习俗、规章制度等）的角度，整体考察主体发展过程中，主体与环境之间的交互作用，这是未来自我同一性研究的发展方向。此类研究可以细化环境变量和个体变量（如人格）之间的交互作用，进而确定自我同一性发展形成的过程和机制。

　　本研究认为文化背景、社会环境和家庭等外在因素通过自我的内在叙事，通过意义建构来达成、探究自我同一性是如何在特定的社会文化背景即社会、学校、家庭等外在因素影响下通过叙事建构起来的。

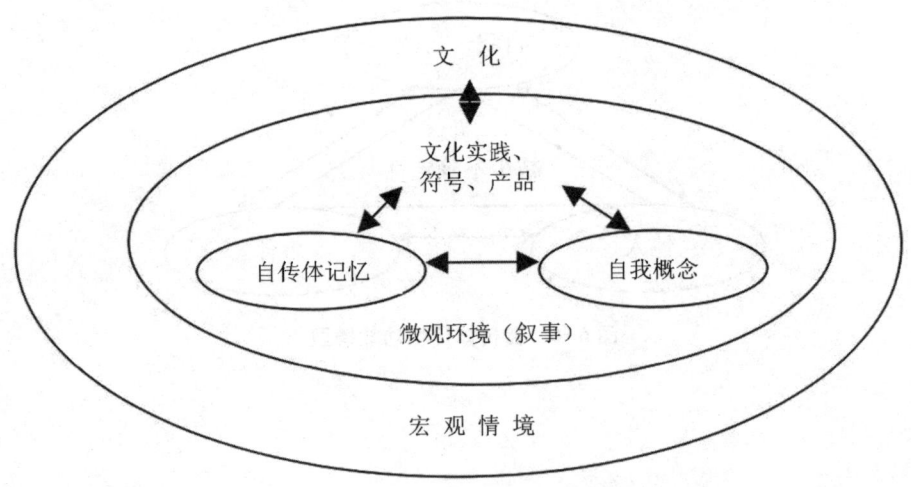

图6-5　文化、记忆、自我与叙事性的相互作用模型

3. 从自传体记忆功能模型来看自我同一性的意义建构

Olivares 提出自传体记忆的功能模型观点，即自传体记忆有三个主要的功能，即指导功能、自我功能和社交功能，三者彼此联系、互为补充、互为目的。自我功能能够起到情感调节、意义建构、建立和保持自我一致性和连续性的作用；社交功能允许主体在社交情境中展现自我，与他人分享记忆等；指导功能具有协助问题解决、预期将来事件和指导目标导向的作用，此外还可以帮助主体理解过去的经历，以及指导现在和将来的行为。在自传体的记忆功能模型（如图6-6所示）中，自传体记忆可以看作是意义建构的形式之一，在意义建构的背景下发挥上述3种功能，因此意义建构也可以理解为主体以降低自我、他人和事件之间的不确定性为目标，对自我、他人和事件之间的关系进行自我反思的过程，从而产生了一致性的意义，自我同一性获得发展。因此，意义建构是自我同一性发展的机制。

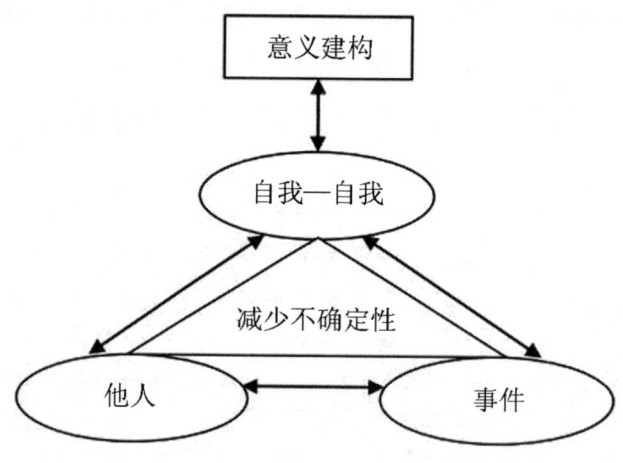

图6-6 自传体记忆功能模型

（二）退避型男大学生自我同一性意义建构的机制分析

结合前面的讨论，可以看出，成长型人生故事的主体相对而言更倾向使用批判性反思、内部归因、内在比较；创伤性退避型危机态人生故事建构的主体更倾向于使用直接接纳、外部归因、外在比较；特质性退避型稳定态人生故事和状态性的退避表现成长态人生故事意义建构特点在两者之间，总体上而言，成长型人生故事的主体比创伤性退避型表现的主体同一性发展得更好，状态性退避型表现成长态人生故事和特质性退避型稳定态人生故事的主体同一性发展水平介于两者之间。

表6-2　成长型和退避型男大学生叙事自我同一性的发展过程比较

人生叙事类型	探索（探索领域、深度及应对方式）			投入（投入领域、深度及发展可能）		
	主题	主要冲突领域	解决方式	认同他人/群体	目标	同一性发展的可能结果
成长型人生故事	乐观积极+价值感	成就——学业、课外活动、理想目标/未来就业	主动探索、各种尝试	认同的群体、社会角色	中长期目标、短期目标	达成、部分达成
特质性退避型表现稳定态故事	单调平淡+归属感	成就——人际和谐、他人认可、学业或活动	随遇而安、随大溜	父母、教师、权威等	模糊的目标，短期目标	探索不足，指向早闭或者延缓
状态性退避型表现发展态故事	矛盾怀疑+目标感	冲突——人际、学业、课外活动、理想目标	目前用退缩回避的方式应对	自我认同	寻求目标中	正在探索，指向延缓或者达成
创伤性退避型危机态人生故事	逃避否定+安全感	自我否定，内在冲突为主	回避拒绝、拖延面对	无	当下任务，超短期目标	缺乏探索，指向扩散

如表 6-2 所示，当冲突事件进入主体视野时，个体体验痛苦的同时，成长型人生故事的参与者会调用支持性的资源，用乐观积极的方式进行应对，在解决问题的行动过程中能够直面问题，从问题或冲突中寻求价值感，在解决问题过程中对事件对成功或失败、他人的支持或影响进行有意义的建构，进一步增加自我认同感。与成长型的人生故事相比，三种表现的退避型人生故事在自我探索的广度、深度、行动投入的领域和深度方面反映出主体自我同一性意义建构的差异。

男大学生自我同一性意义建构的过程是主体在他人、情境、事件引起的内在冲突中是否进行反思性选择，从而是否形成稳定承诺的过程。如图 6-7 所示，比较成长型人生故事（1）和三种退避型男大学生多重自我立场模型图，特质性退避型（2）主体对冲突缺乏深入的体验，自我空间中自我立场间的对话弱，主体更倾向于直接接纳外部立场，"满足于现状"而缺乏对"未来成长空间"的更多探索；状态性退避型的主体（3），面对冲突更多从内部立场出发进行批判性反思，内部立场和外部立场能够进行对话，但冲突带来的情感体验冲击使得主体更多投入内在的空间对话中，缺乏更深入的行动，主体"不满足于现状"但还未找到改变的具体方向和目标，处于痛苦的状态，用退避的表现进行自我防御和保护；创伤性退避型的主体（4），内部的自我空间缺乏对话，主体过于沉溺于自我内在的觉察，不断考虑自己是怎样的人或该怎样做，而内在的立场间对话又较弱，主体被自我内在的过度思考限制，表现出在现实中缺乏行动的能力，无论在人际、学习还是活动中都表现出退缩回避的状态。

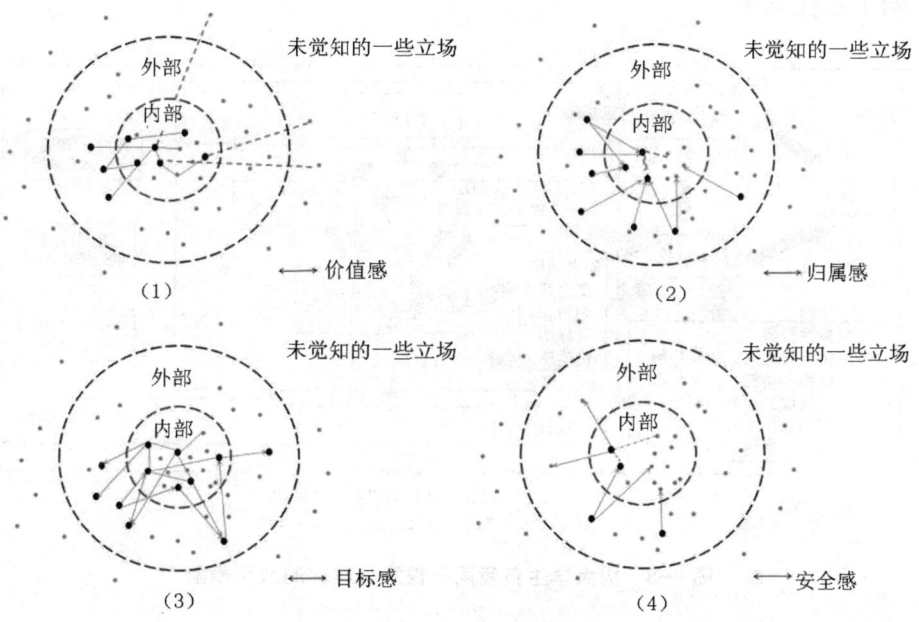

图6-7 成长型和退避型男大学生多重自我立场模型图比较

综上，建立男大学生自我同一性意义建构的叙事模型，如图6-8所示。在解决冲突的过程中，外部支持性资源选择性地通过个体内部的自我对话空间进入，外部支持性资源主要包括：成长环境（家庭结构和功能等）、重要他人（父母、家人、朋友、恋人、教师等）、文化资源（阅读、音乐等兴趣爱好等）、自身经历（成功或对自我意义重大事件，受伤害或者威胁性的消极事件等）、是否使用幻想作为一种应对方式（主体的可控性，幻想与现实的边界感等），相比于高探索状态的参与者（成长型人生故事）所表现出来的在意义建构时更倾向于谈论事件对自己的影响以及自己的收获，低探索个体（创伤性退避型表现人生故事）自我同一性建构的意义复杂度最低，关注于事件本身和自我感受，特质性退避型表现的参与者自我同一性建构的意义复杂度缺乏更深水平的尝试，而状态性退避型表现的参与者自我同一性建构的意义建构正在探索中。

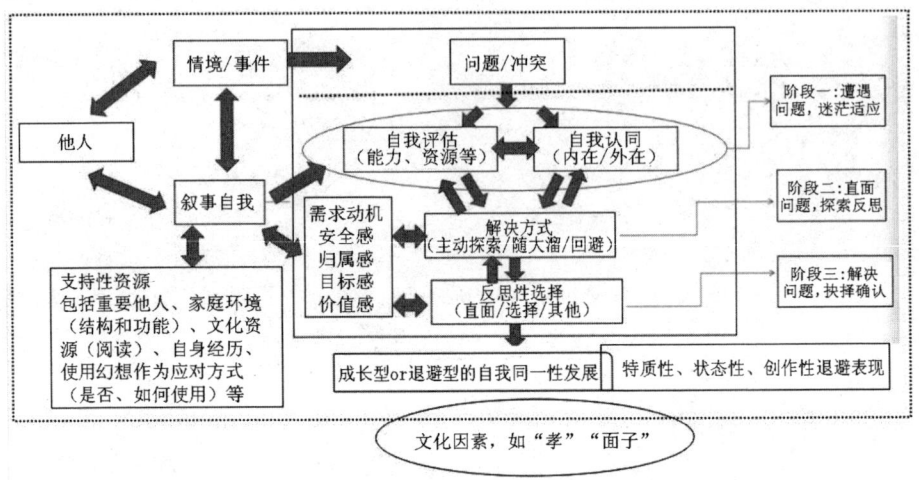

图 6-8　男大学生自我同一性意义建构的叙事模型

　　自我同一性发展的意义建构的过程，在阶段 1 主要表现为主体基于自我的评估和自我认同中的选择性分化，在阶段 2 主要表现为主体基于自我的执行力和自我的控制力两者的选择性分化，在阶段 3 主要表现为主体基于反思性选择和直接接纳的选择性分化，这三个阶段间是可逆的、互动的过程。主体自我同一性意义建构的动机（安全感、归属感、目标感、价值感）寻求的主动性内在需求不同，使得主体自我同一性意义建构的关注点产生差异，并对冲突解决的过程的各个阶段都产生影响。特质性退避型男大学生在自我同一性的意义建构阶段表现为阶段 1和阶段 2 体验不够深入，缺乏深度探索，表现为初步定向、有限探索和自我调节；状态性退避型主体同一性意义建构的进程停留在阶段 1 和阶段 2，还未达到阶段 3，主要表现为矛盾怀疑、广泛探索和自我锚定；创伤性退避型男大学生同一性的意义建构主要停留在阶段 1，表现为反复体验痛苦、自我放任和陷入痛苦。归因、反思性批判和比较是自我同一性意义建构过程中影响同一性发展结果的主要因素。主体通过对他人、情境、事件的意义建构来进行自我同一性的探索，意义建构的过程可以被看作是自我创新和自我承诺的过程，因而如果主体对他人或事件的影响、对自己的收获能够进行高复杂度的意义建构，会有利于同一性探索的进行，反之，过于抽象或与自己的生活脱节的意义建构会不利于自我同一性的探索。当主体能够对自我进行更多的探索，不断加强自我认识的意义建构，有利于个体形成投入的表现，而一旦自我的承诺形成，就会指导主体的行为并帮助主体更好地理解自己的感受和行为，进一步增进对自我的认知，即在意义建构的过程中，主体适度地调整、转换或放弃原有的自我认识，或者对自我认识的转变呈开放的态度，都会更有利于自我同一性的发展。此外，宏观的文化因素通过渗透到主体所在的微环境也会影响主体的意义建构。

第三节 退避型男大学生自我同一性发展的干预建议

一、文化心理学的发展观对干预路径的启发

（一）文化心理学的发展观

文化发展心理学可以被看作研究人类与环境的关系如何通过连续不断的经验获得新形式的科学。文化心理学的发展观点是探索在不可逆转的时间流里新异性出现的一般规律，以此为前提假设，新异性和一般规律是核心概念。因为时间不可逆转，所以个体无法回到过去，只能在过

去的基础上通过解构和重构面向未来。个体的发展是一种螺旋式的前进，所以现在的经验与过去的经验具有相似性，这是发生重构的基础。为了获得一种稳定感，个体倾向于沿着过去的经验进行重构，通过心理手段创建稳定的未来意向。但是环境处于不断的变化之中，为了适应这种变化，个体的每一次经历都有其独特性。这些独特性产生了新异性，也就是发展。新异性的产生都是以先前状态为基础，因此变化微小，本质上是保守的，经过个体的建构和适应后，变得不可察觉。发展是开放的系统，这一性质保证了相同的发展过程可以有多种途径，不断发展的有机体从它的初始状态（X）前进到新状态（Y）有多种发展方式，如图 6-9 所示。多线性遵循的是同一终点原则，即通过不同路径可以达到相同的结果。因此，同一终点是所有生命过程的特征，个体间的发展过程迥异，但最后的发展结果相似。

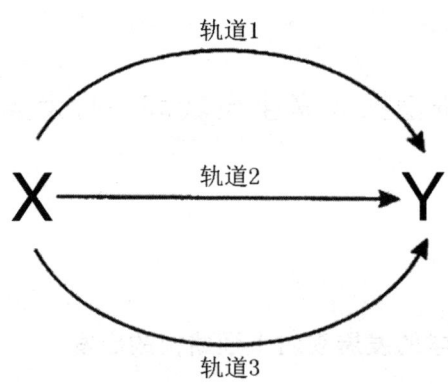

图 6-9　发展的多线性和同一终点现象

一般规律的揭示会受到经验主义的影响，聚焦于局部领域的"经验研究"会阻碍对整体规律的认识。如果将发展看成是有机体这一开放系统不断发展的结果，那么对发展的分析就要将重点放在有机体和环境持续的相互依赖上。以同一性原理为基础，比如"自我同一性是什么?""人格是什么?",这种表述思路实际上将发展排除在外,如果我们已经知道 X 是 X,为何还要探索 X 怎样成为 X 这样的问题? 发展的观点以转化和动力性的自我维持为基础,存在着两种形式:

X—转化—Y

X—［维持原状］—Y

发展过程的未来充满不确定性,当前行为和未来结果的确切联系也不可预知。因此,从所有开放系统的性质来说,所有发展着的有机体都是满意者,而不是最优者。转化和维持既能保证系统的稳定,又能保证发展的过程,是发展的基本形式。发展的本质是从一种相对整体且缺乏分化的状态,逐渐转化为分化、清晰和层级整合的状态。

Lichtwarck-Aschoff、Van Geert、Bosma 和 Kunnen 提出了在时间背景下进行同一性研究的概念框架,如图 6-10 所示。这个框架根据"宏观水平—微观水平"和"静态—动态"两个维度,将同一性研究分为"宏观静态、微观静态、宏观动态、微观动态"四个象限。研究发展的理想方法是微观发生法,即在发展的展现中研究发展,通过提供某些条件促使状态发生集中的改变,观察其中的发展过程。

(二) 本研究的干预思路

在本研究中,干预建议采取文化心理学的观点,通过微观发生法,个体通过实践活动的参与获得新的经验,通过改变外部的实际行动,从情境中逐步抽象化进入主体内部的自我定位符号,重塑外部对话和内部对话、内部对话和内部对话、外部对话和外部对话之间的自我空间,产生新的行动方式,再进一步促使主体内部的定位符号发生调整和改变,从而通过重新建构自我的符号中介调节能力,使主体获得同一性的发展。

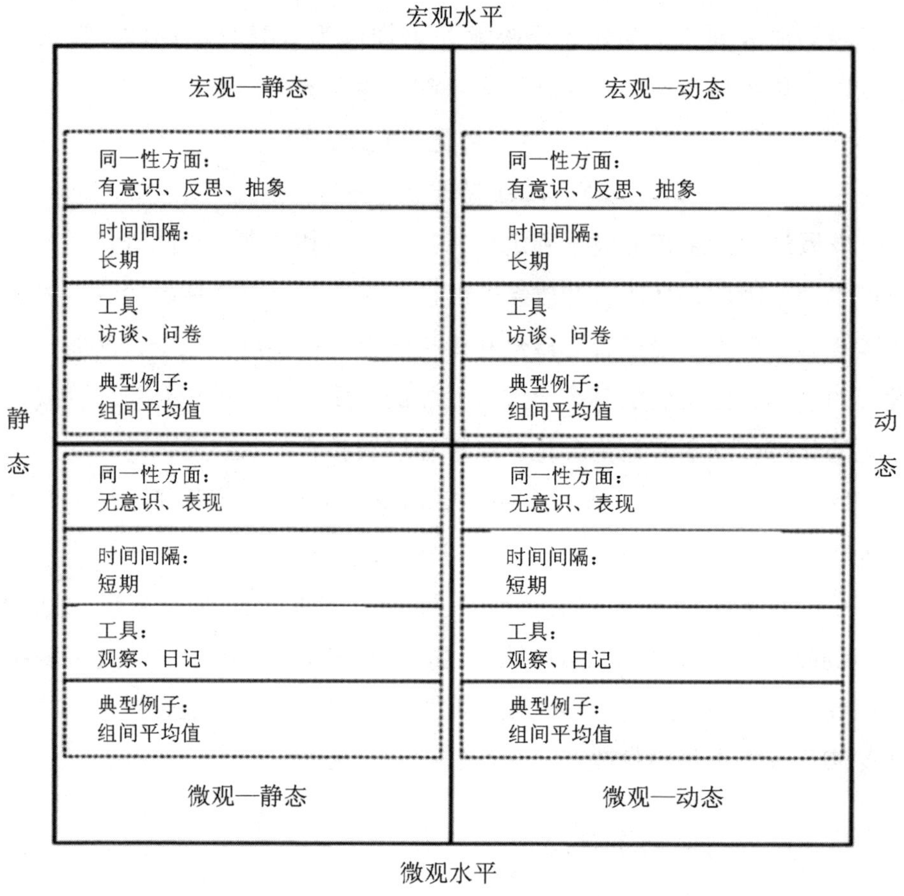

宏观水平

宏观—静态	宏观—动态
同一性方面： 有意识、反思、抽象	同一性方面： 有意识、反思、抽象
时间间隔： 长期	时间间隔： 长期
工具 访谈、问卷	工具 访谈、问卷
典型例子： 组间平均值	典型例子： 组间平均值
同一性方面： 无意识、表现	同一性方面： 无意识、表现
时间间隔： 短期	时间间隔： 短期
工具： 观察、日记	工具： 观察、日记
典型例子： 组间平均值	典型例子： 组间平均值
微观—静态	微观—动态

静态　　　　　　　　　　　　　　　　　　　　　　动态

微观水平

图 6-10　自我同一性研究的双维度框架

　　不将男大学生退避型表现看作"问题"，而是看作主体自我同一性
发展内在危机的一种外化形式，是主体发出的一种发展性信号：一方面
提醒发展主体本身需要去发现困惑，面对问题；另一方面提醒发展主体
的支持性环境，如家长、教师、教育管理者等，主体需要关注和支持。
通过成长型的人生故事和退避型的人生故事对比，发现特质性退避型男
大学生的稳定态人生故事中自我同一性叙事表现出单调平淡，强调归属

感的特点，主体的自我空间中表现出"外强内弱"的特点，即外部立场占主导，内部立场的对话性较弱；状态性退避型男大学生成长态人生故事的自我同一性叙事表现出矛盾怀疑，强调目标感的探索，主体的自我空间中对话性较强，但个体的探索深度不足；创伤性退避型男大学生危机态人生故事的自我同一性叙事表现出逃避否定，强调安全感的特点，主体的内部自我意识过剩，缺乏在行动中的探索和尝试。三类退避型表现的主体看似外在类似的拖延、退避行为背后主体的自我同一性发展状态和发展诉求是不同的，这意味着对不同退避型表现的主体进行干预，应建立在对主体退避型表现背后的内在需求和发展动力的理解基础上，提高主体性促进自我同一性发展的动力。

本部分结合研究者在教育实践中的观察和反思，通过对校园生态环境的调整对特质性退避型和状态性退避型表现的男大学生进行自然干预，对创伤性退避型表现主体则采取自然干预和辅导性干预相结合的方法，对不同类型退避表现的男大学生同一性发展提出干预重点。

二、退避型男大学生自我同一性发展的干预建议

（一）特质性退避型主体干预重点：增强"现在的投入"

对于特质性退避型表现的主体，一方面主体对自我是比较悦纳的，对归属感的需求占主导，主体容易随大溜，不主动展现自我，但主体是有展现自我的内在需求的，同样缘于归属感的需求，希望获得他人的关注。另一方面，特质性退避型表现的主体对新环境往往缺乏主动性的探索和尝试，更多以同化的方式即已有的应对方式来面对新环境。笔者将这类退避型表现的主体看作"动不起来"男生中寻求稳定"不想动"的类型，个体对于自我的定位趋于一种稳定化的倾向，对成功失败的归

因往往和自我相关联，对自我缺乏持续探索的兴趣和动力，自我潜能未获得充分的发展。

如图6-11所示，是在特质性退避型表现的多重自我立场模型图基础上，对干预手段的假设图。这类学生自我的内部立场主要依从于外部立场，从大学教育促进大学生人格完善的视角出发，通过给予这类男生更多的机会与表现平台，可以让主体尝试在更多领域进行自我探索，如图左侧加入的黑点所示，引入更多原本未觉察或者缺乏主动探索的领域，引发主体的外部定位和内部定位的变化，促进内部与内部、内部和外部立场对话的通融性和开放性，从而促进这类学生的意义建构的丰富性，提高自我同一性发展的水平。

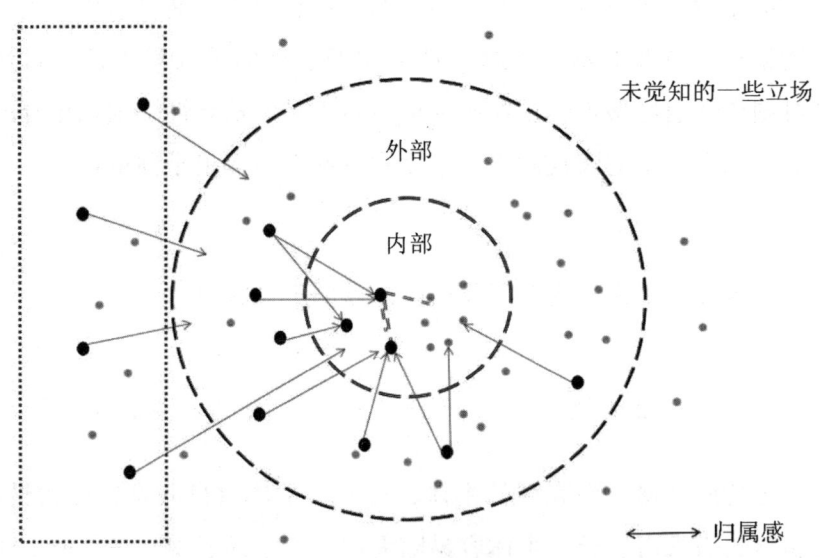

图6-11　干预特质性退避型表现的多重自我立场模型假设图

具体而言，从校园生态文化的自然干预角度切入，教育管理者如大学生辅导员、任课教师、心理辅导老师等对这类群体进行干预时，侧重点可以放在主体自我同一性的"现在的投入"这个主题。特质性退避型表现的主体往往比较被动，但内在具备寻求表现和关注的需求，可以鼓励这类主体去参加不同的社会活动、班级事务管理、社团活动、见习实习、比赛竞赛等，通过参加丰富的活动，去尝试更多的自我发展的可能，也可以创设一些班级活动、校园文化活动等平台，来推动这类主体通过参加多样的活动来展现自我、发现自我、扩展对自我的能力、态度、需要、兴趣爱好、未来发展方向的认识边界，通过增强自我同一性"现在的投入"这个维度来改善特质性退避型表现的主体的自我同一性意义建构水平，通过外在支持资源的推动，促进主体主动性的增强，并扩展自我认识的空间，从而发展自我的潜能。

（二）状态性退避型表现的干预重点：形成"将来的愿望"

状态性退避型表现的男大学生，内在冲突明显，主体当前正在经历自我同一性危机，痛苦怀疑和对目标感的寻求是这类参与者自我同一性意义建构的主要特点，主体并不随波逐流，有自己较为明确的定位，但目前面对内在冲突没有有效的解决方案，以退缩回避的方式进行应对，主体有寻求改变的动力和确定自我发展目标的需求。笔者将这类退避型表现的主体看作"动不起来"男生中"想动但暂时没有动起来"的类型。这类退避型的参与者，显著的特点是意向和行动的相互"矛盾"，个体正在经历自我同一性的危机，对自我产生怀疑和不确定，但还没有找到明确的方向，止步于行动，但从长远来看具有发展的潜力。

图6-12是在状态性退避型表现的多重自我立场模型图的基础上，对干预手段的假设图，这类学生能够对外部自我立场的观点进行批判性反思，自我的内部立场占主导，内部与外部、内部与内部的对话促使主体在当前阶段进入自我同一性危机，即对话中的冲突带来的矛盾怀疑，促使自我在当下用退缩回避的方式进行消极应对，主体有强烈的改变的动力和需求。从大学教育促进大学生人格完善的视角出发，引导学生通

过对与自我联系紧密的活动领域的深度探索，逐步确定自我的发展目标，促进主体潜能的发挥，如图6-12左侧加入的黑点所示，通过主体对未觉察或者未深入探索领域的深入，引发主体的外部定位和内部定位的更多对话，使探索后的目标逐步清晰，主体能够进行更多的行动投入，从而促进这类学生对意义建构的深度探索，提高自我同一性发展的水平。

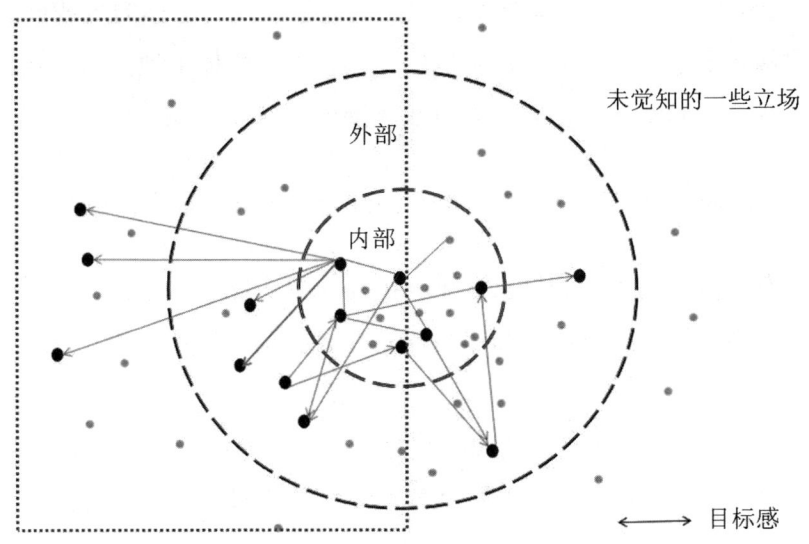

图6-12 干预状态性退避型表现的多重自我立场模型图假设

具体而言，从校园生态文化的自然干预角度来看，教育管理者如大学生辅导员、任课教师、心理辅导老师等，对这类群体在进行干预时，侧重点可以放在引导和帮助主体自我同一性的"未来的愿望"这个主题上。同样是提供社会活动、班级事务管理、社团活动、见习实习、比赛竞赛、职业规划方案设计或者班级主题活动、校园文化活动等平台，但要鼓励这类男大学生根据自己的兴趣爱好或者能力特点去选择部分活动，以引导主体在其感兴趣的活动中去进行更深入的自我探索，充分挖掘自己的能力、兴趣等，探索自己的人格特点和胜任力领域，逐步确立自己未来发展的方向和目标。也可以在校园文化建设或者班级主题活动中，尝试开展一些仪式化的活动，比如成人礼、交友日、职业体验日等，通过仪式产生仪式感来增强主体对于未来发展目标的思考和行动。

总之，通过引导主体在自我同一性"未来的愿望"这个维度上进行逐步确认，提高状态性退避型表现主体的自我同一性意义建构水平，解决自我同一性危机。通过外在支持资源的推动，促进主体目标感的确立，发挥自我的潜能。

（三）创伤性退避型表现的干预重点：解决"过去的危机"

对于创伤性退避型表现的男大学生，自我同一性意义建构的主要特点是逃避否定和安全感的强调。笔者把这种类型描述为属于"动不起来"的男生中目前几乎"完全动不起来"的类型。这类退避型参与者，往往报告曾有过感受到危险或者威胁的应激性经历。这里引用"创伤"的概念，并不等同于精神障碍中的"创伤及应激相关障碍"中的诊断描述，而是特指个体在心理体验上的受挫、被伤害感，主体采取过度的防御方式来进行自我保护，这种方式保留下来并泛化到生活中的各个层面，稳定成为一种应对风格，适当的心理干预或者社会支持功能的充分发挥有利于这类主体的发展。

图6-13是在创伤性退避型表现的多重自我立场模型图基础上，对干预手段的假设图，这类学生外部的自我立场和内部的自我立场都相对少，也就是主体对于自我的定位不清晰，且描述的负面评价多，主体从外部立场中获得的评价同样缺乏，主体在以往的经历中缺乏有意义的自我同一性建构，自我的安全感是这类主体主要的内在动机，对话空间受限。

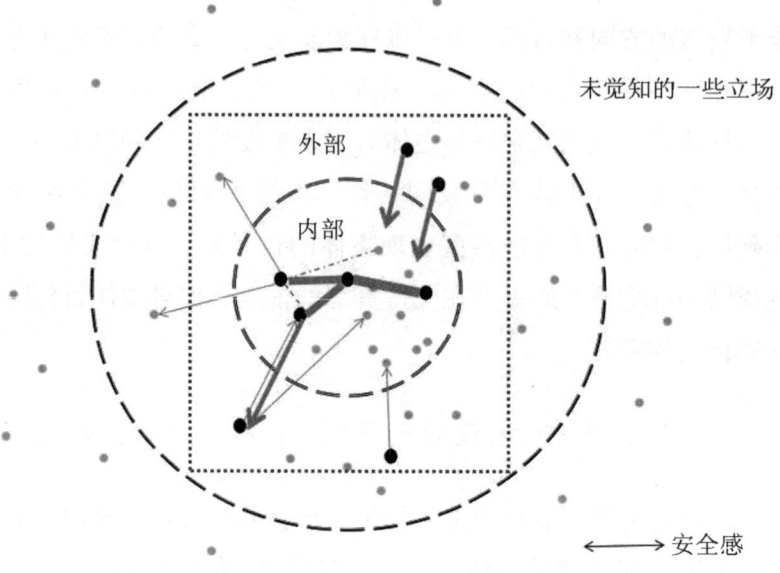

图6-13　干预创伤性退避型表现的多重自我立场模型图假设

　　从大学教育促进大学生人格完善的视角出发，对这类学生应给予更多的关注，通过外部立场的加入，内部和外部的对话空间增强，同时也会促进内部立场和内部立场的对话，有利于过去危机的解决，如图6-13用加粗实线所示，引入外部定位促进内部定位的变化，从而提高这类学生的意义建构水平。

　　具体而言，学校管理者如大学生辅导员、任课教师、心理辅导老师等，对这类群体在进行干预时，侧重点可以放在引导和帮助主体自我同一性"过去的危机"这个主题。辅导员老师、任课老师或者心理辅导老师需要给予这类退避型表现的男大学生更多的关心和帮助，需要有耐心、持续地对这类群体给予关注，通过建立安全、温暖的师生关系来打开创伤性退避型表现主体的心理空间，进而在关系建立的基础上，引导主体对"过去的危机"进行重新解构。叙事心理学认为，人的生活是处在文本中的，人之所以会产生所谓的"问题"，是因为在主体的这个故事里，有太多与自我不相符、顺从的故事，这导致主体无法体验到自主。通过"解构"可以将原有的"问题故事"打碎，经过重新"组合"，对旧有的故事进行修改与重组，重塑问题片段在自己生命故事中的意义，进而影响主体的自我认知。因此，对于创伤性退避型表现的男大学生，通过引导主体将问题与自我分开，尝试换一个视角来解读和重塑自己的人生故事，即对于过去的危机进行重新的意义建构，从而能够真正去投入当下，寻求未来的发展目标，可以促进自我同一性的发展。

三、退避型男大学生同一性发展的干预实践探索

在面对冲突、困难情境时通过退避型表现来应对，在当代大学生群体中具有一定的典型性和代表性。总体上看，退避型男大学生主体的主动性弱，外部力量的有效介入和支持有利于促进和改善退避型男大学生的自我发展状态，针对不同类型退避表现的男大学生，挖掘其主体的成长性发展需求，从个体发展观和校园生态文化建设干预的视角对这类群体的自我同一性意义建构进行干预。以下结合研究者在教育实践中的干预案例进行报告。

（一）干预个案的背景情况

1. 关系的建立背景

这个干预案例来自研究者的工作实践，该生（以下简称S）主动寻求帮助，研究者是S的任课教师，S"因为自己有很多困惑"，希望"对自己能够有更多的了解"，"感觉大家都不喜欢自己"，希望能够改善。

通过前两次的访谈，研究者和S建立了比较信任的安全关系，约定

根据 S 的需要、以主动自愿为原则，S 可以定期和研究者进行谈话，研究者也会主动跟进了解他的成长情况。此后从 S 大二到大四这 3 年的时间里，研究者不定期和 S 见面谈话。

2. 参与者背景分析

男，大二，经常眉头紧锁，看起来总是在思考问题，说话时似乎是一边思考一边说话，表达得比较慢，内容前后不太连贯。研究者与 S 主要通过对话逐步了解 S 的个人情况，根据个人所述背景信息分析如下。

（1）有多次分离创伤：父母在 S 儿时离异，S 由爷爷奶奶带大，小学时和爷爷奶奶分开去父亲的城市。"我父母在我很小的时候就分开了，之后我一直被爷爷奶奶抚养长大，在老家。那时候母亲也会偶尔来看我，但是每次看我的时间都不长，而且每次她走了之后我都会一直哭闹"；"我父亲在我小学一年级的时候把我从老家带到了××市区，也是那个时候开始我感觉自己很孤独"；"我只有在和我的青梅竹马在一起的时候才不会哭，应该说是马上就不哭了。也不知道是不是这个原因，我在成长过程中一直喜欢我的青梅竹马，或者某种程度说爱也行。但是我和她的关系一直不是很亲近，所以其实她对于我没有那么深的感觉，那时我和我的青梅竹马的联系也断了。"

（2）亲密关系中缺乏安全感，渴望他人关注，渴望安全的、稳定的人际关系：缺少母爱，父亲比较严厉，几乎没有其他亲密的关系，爸爸对妈妈都是负面评价。"奶奶虽然爱自己，但感觉还是缺少点什么"；"小学的时候我一直没有什么朋友，其间和我一起玩的大概有两个人"；"我和其中两个人一直关系特别好，而且我感觉在那个班级里特别好，也许是因为我那时候终于有家可以回了。奇怪的是我那时候的外号是'××'，但我一点都不感觉难受"；"高中的时候我有一个比较近的朋友，他和我比较像，也是属于比较喜欢玩游戏的，可我现在想不起来有关于他的任何事情，只知道我们后来越来越疏远了"；"到了大学，没有深交的朋友，但是很希望有朋友，现在也有一起的同学，但是感觉深交不下去"；"我也有一个好朋友，经常一起谈 NBA 的事情，还有另外两个关系比较好的是通过《暴雪》游戏认识的，高考完了以后我们还一起玩游戏，但是现在这些同学都不怎么联系了"；"我觉得我目前特别想有一个女朋友，但就是不知道怎么实施。"

（3）成长经历中有多次创伤性经历，主体对事件缺乏有意义的建构，事件中的负面感受和对自我的负面认知评价泛化到学习和人际交往中，成为自我定位的一部分，主体采取回避的方式进行应对。"小学高年级的时候因为爷爷患癌症，我被寄养到一个老师家，大概是一个类似托管的机构。在这里，我一直被欺负。说是欺负，可能他们也不太过分，最多就是一些言语上的侮辱。但是我在里面一直感觉非常的压抑，非常难受，一天也不想待"；"我父亲第一次打我……然后他说了一句，不要以为你很聪明，老师对每个同学都这么说。然后我彻底地颠覆了三观，而且我是相信的，因为我在其他方面可能有这样的想法但是不想承认。然后自那以后我就不太敢发表自己的看法了，有时候觉得自己没原来想的那么好，每一件事情或者对自己评价的时候都是从低的开始的。这种事情让我以后再也不敢向不熟悉的人借钱了，而且每次就算借也是万不得已的时候"；"高一的时候我们还没有分班，在班级里我一开始觉得自己一直受欺负，类似于以前我在托管老师那里的时候。我还记得那时候我和他们一起打球，他们会把脏手往我衣服背后拍，回去的时候奶奶问我为什么会这样我都不好回答，她每次洗的时候都要搓很久，这让我更加难受。"

（4）对于未来没有深入的探索和尝试，内容空洞没有实践行动：问及未来发展的目标，自述认为"也许可以当历史老师"，因为"感觉老师可以改变学生的思想"，但当问及如何实现自己的梦想时，S 则没有具体行动，"对于历史似乎也谈不上有太多的兴趣，可能还是想当老师可以影响学生的'三观'"；"希望自己是个有影响力的人，能够带动周围的同学，但是又苦于自己想做的事儿没坚持，而更多时候被其他人影响带动";"希望有人能够管着自己，父亲对我听之任之，但并不亲热。"

（5）主体对于"我是怎样的一个人"即自我定位更多停留在内部自我的思考中，缺乏和他人、环境真正的互动，在比较空洞的层面上过度自我分析。"自己一直没有行动的原因之一，可能是缺乏管着自己的人，希望自己可以找个女朋友！""现在我的状态应该说不好不坏吧，说得难听点有点像鲁迅小说里说的淡薄的血色一样的感觉，说不出自己什么感觉。和老师上次也谈过了，感觉自己有时候很孤独；从另一方面来说，想破解我现在这种状态的唯一办法就是努力，比别人更好，才能去影响别人。但是道理都懂，可就是没法按照想法行事。"

综上，从 S 表现出来的特点来看，初步认为其属于创伤性退避型的表现。

（二）干预思路的设计和实施

1. 干预设计的思路

对 S 的主体性表现关键数据进行整理，研究者从辅导干预和自然干预两个层面入手，自然干预部分包括引导 S 去寻求辅导员、其他任课教师、班级干部、任务小组活动成员等的支持，通过参与不同形式的活动获得更多来自外部立场的信息，从而扩展主体的内部自我对话空间；辅导干预部分主要通过研究者和 S 的谈话，通过逐步分离"自我"与"问题"，重塑过去经历的意义来重构自我。重点关注以下几个方面。

（1）改善人际互动过程：包括同伴关系、师生关系、亲密关系、亲子关系等。

（2）提供平台表现自我：包括参与小组作业、班级活动、比赛竞赛等。

（3）分析改善学习状态：包括主体的学习状态、学习当中遇到的问题等。

（4）重新建构重要事件：包括曾经经历的特殊事件、关键性事件，即过去的危机。

2. 干预的实施方案

第一阶段，通过扩大对话空间，增加主体内部空间的对话性。

在研究者与 S 的谈话部分，一方面让 S 更多地倾诉来引导主体发现内在的冲突和矛盾，尝试发现问题；另一方面针对呈现出来的"问题"，引导 S 面对"问题"，细化改善和解决问题的具体步骤，制定小而具体的目标，通过作业的方式要求 S 在生活学习中去尝试完成，通过具体的行动实施后的探讨来扩大主体内部自我空间的可对话性，调整和丰富主体的内在自我定位。

例如：在人际互动部分，通过短期目标、中期目标和长期目标分类制订行动方案。

在第二次谈话中，S 谈到"我在大学里关系最好的是×××，我也觉得某些时候他'不能帮我'，当然，他们都给了我很大帮助，但是我总是觉得心里少了那么一块，而且越来越觉得将来可能没有那么一个人，因为我性格可能比较偏孤僻，社交技术也不是非常好，感觉陷入了一种困境"。

主体呈现的信息是非常杂乱的，在这个过程中需要不断梳理关键和重点，和 S 一起商议现阶段最希望去改变和解决的问题，在这次谈话中，涉及了人际关系中"不清楚别人是怎么看自己的""社交技术不是非常好"，确立了近期的一个改变目标就是"尝试和同学建立更深入的交往"，具体的小目标为"能够主动地去和他人交流""尝试去了解别人对自己的看法"。基于这样的目标设定，约定在两周的时间内要完成以下任务："每天中午尽量约一名同学一起吃饭、聊天""在两周之内，去找一次辅导员老师，听取辅导员老师对自己的评价和建议"。两周后见面时进行"作业"检查，一起讨论以上任务的完成情况，具体分析进步和困难，分析如何改善。第一次任务布置两周后，S反馈主动去约别人感觉很困难，但他在QQ上和同学主动聊天，并询问了别人对自己的看法，他发现"经过网上沟通对自己有点触动，但又描述不清楚，和以往男生给他的反馈差不多，但是也有不同：①原来女生没有那么讨厌自己；②原本以为上海女生特别不喜欢自己，貌似并不是这样；③她感觉我说话太快，别人听不懂或者听不清"。通过初步与异性同学对话，S开始有些感觉到"自己觉察的"和"以为别人觉察的"的冲突。第二次的作业布置为"和其他同学进行进一步接触，两周内建议能够至少有一次面对面的交流"。

通过逐步细化的人际互动小目标的实践，扩大S的交往对象，帮S树立对自己人际交往的信心，获得更多来自外部的信息。初期目标定位于"尝试主动与他人交往"，中期目标定位于"能够深入关系中，敞开心扉"，长期目标定位于"尝试建立更亲密的人际关系"。

第二阶段，充分利用班集体的生态文化氛围，参与集体活动去体验自我。

S有寻求改变的意向，但这种改变的动力较为微弱，一旦遇到困难或者挫折就很容易回到内部的过度思考，用逃避否定的方式来进行自我保护，因此仅仅依赖于来自研究者的支持性力量是不足的，S需要在现实环境中获得更多的持续关注和认可，从而提高实践中尝试和探索的意愿。因此，在自然干预的部分，研究者尝试引导S进入班级活动中、小组活动中，获得更多来自不同声音的外部立场，来扩大主体内部的对话空间，在集体生活中确认自我的定位。

S所在的班级是一个比较有向心力和凝聚力的班集体，有相当一部分同学做事主动，学习投入，互相促进和帮助，并且带动了整个班级比较正向、包容的集体氛围。鉴于这样的背景，引导S在小组任务和班级活动中更多地去和这一类同学一起完成，在和他人的互动中、在实践活动中去感受不同的学习方式、人际交往技巧、生活态度等，促使S的自我内部空间能够有更多声部的立场出现。

例如，研究者给 S 布置了关于建立学习小组的任务后，S 报告他和一位学长"一起参加了一个一天的专业内的研讨活动，感觉自己在专业上还太浅"。

研究者："为什么深不下去，比如是因为能力还是方法？"

S："主要是没行动。"（对自我的反思）

研究者："首先觉察到自己专业上的浅薄，这要肯定；其次也知道问题所在不是能力和方法而是行动，那为什么不改变呢？"

S："动不起来。"

研究者："为什么呢？"

S："……"（沉默，也可以看作具有反思的成分）

研究者："那如果行动起来会怎样？"

S："可能是前面没有那么多人关注和赞美。"（不同自我立场间的对话）

研究者："这是你行动起来的动力吗？"

S："好像啊也不是，所以我想做老师，老师可以引导帮助别人。"

研究者："听一下，你在转换话题对吗？"

S："是吗？好像是的。"

研究者："是因为需要有人肯定才可以行动吗？"

S："也不是。"

研究者："行动可以带来什么？"

S："快乐吧！和别人一起行动起来我就能快乐。"（自我空间中获得新信息）

第三阶段，对"过去的危机"进行重新建构。

在 S 的人生经历中，亲密关系缺失所带来的安全感不强，以及对于亲密关系的可望而不可求是 S 当前泛化的退避表现的主要原因之一。从 S 所呈现的主要发展性需求来看，建立现实中稳定可靠安全的人际关系是影响 S 自我建构的重要组成部分，但同时其对关系又总是保持怀疑，无法深入，这种矛盾进一步造成了 S 发展的主要危机。上述的两个阶段都在为第三个阶段做铺垫，即通过干预引导主体进行探索和实践，进而不断尝试对"过去的危机"进行重新解构，不断松动 S 既有的一些内在自我立场，通过新信息的进入重新建构新的立场和观点。这个过程是长期的，需要通过提高主体的反思能力，逐步获得改进，将自我和问题分开，通过新的意义建构来发展自我同一性。

比如，与人交往的部分，S 很希望获得别人的肯定，但同时又充满困惑，他不确定别人对他的评价有哪些是真的，哪些是假的。在这个部分 S 提到了他小时候的一个经历，他的父亲曾经对他说过，"不要以为你很聪明，老师对每个同学都是这么说"，这对 S 而言"有价值观颠覆"的影响，此后"对于别人说的话他都怀疑，但又不能确定是否真的是这样"。在一次交谈中，研究者曾经对 S 说过，"可能因为你的思维比较敏捷，所以在语言表达时语速过快"，S 和研究者分享说，当他听到研究者这句话时，他当时认为前面这句话是假的，因为 S 在内部的自我立场中对自我的评价是比较低的，对别人认可自己的话是不信任的，所以一方面渴望他人的认可和肯定；另一方面当别人认可和肯定时又持有不相信的态度，这种冲突和矛盾影响 S 的人际互动，对自我进一步产生怀疑，因此研究者通过聚焦这个例子，与 S 进行深入的谈论，尝试引导 S 对"别人对我的积极评价都是假的"这个自我立场进行挑战。

3. 干预效果

研究者和 S 一直保持沟通，在 3 年的时间里，S 会不定期地主动来和研究者谈话，从 S 的发展角度看，他已经从一个比较逃避退缩状态的主体转变成为比较主动、能够信任他人和胜任学业任务，有目标感（考取本专业研究生）的主体状态。

第七章 总讨论

一、退避型男大学生自我同一性意义建构形成机制

本研究将参与者的人生故事分为成长型的人生故事和退避型的人生故事，退避型表现又可以分为特质性退避型稳定态、状态性退避型发展态和创伤性退避型危机态三种人生故事。自我同一性的形成是主体通过自我空间的对话过程，经过个体对自身生活经验的选择性叙事，不断反思和建构自己的过程。男大学生的同一性形成过程可以分为：阶段1："遭遇问题，迷茫适应"，表现为基于自我评估与自我认同的选择分化。阶段2："直面问题，探索反思"，表现为基于执行力与自控力的选择分化。阶段3："解决问题，抉择确认"，表现为基于反思性选择和直接接纳的分化。

状态性退避型男大学生的自我同一性的意义建构进程在阶段1和阶段2，还未达到阶段3，主要表现为矛盾怀疑、广泛探索、自我锚定。状态性退避型表现的主体正在经历同一性危机，具有自我进一步发展和获得成长进步的可能，需要主体对同一性时机作出充分的评估，主体需要在发展和改变同一性的过程中更好地利用社会资源，进行充分的探索和实践，从新经验中加强自我内部空间的对话，丰富意义建构的可能，

发展自我同一性。特质性退避型男大学生在自我同一性的意义建构阶段表现为阶段1和阶段2，体验不够深入，缺乏深度探索，表现为初步定向、有限探索、自我调节。特质性退避型表现的主体往往可能认为自己已经建立了自我感，在重要他人的影响下整合出关于自我的定义，但实质上这种以他人导向为主的同一性，在面对压力和危机情境时并不具有独立的功能。创伤性退避型男大学生的自我同一性意义建构主要停留在阶段1，表现为反复体验痛苦、放任自我、陷入痛苦。自我同一性的内在对话过程主要表现在比较、批判性反思和归因三个层面。自我同一性形成的过程中，是外部支持性资源选择性地进入个体内部的自我对话空间，主体通过对事件的影响或收获进行意义建构并进行自我同一性的探索，意义建构的过程即是自我创新和对自我投入的过程。相比于高探索状态的参与者（成长型人生故事）所表现出来的在意义建构时更倾向于谈论事件对自己的影响以及自己的收获，低探索个体（退避型人生故事）建构的意义复杂度较低，关注于事件本身和自我感受。这说明，对事件对自我的影响或收获进行意义建构是主体探索自我同一性的主要方式之一，高复杂度的意义建构有利于自我探索，过于抽象、与现实生活脱节的意义建构不利于主体形成投入。

表7-1　成长型人生故事和退避型人生故事的生成性特点比较

序号	生成性特点	特征描述（成长型人生故事）	特质性退避型	状态性退避型	创伤性退避型
1	连贯性	指特定的故事在主体建构的内在关系中有意义的程度，即故事角色的行为在故事情境中是否有意义、行为的动机是否符合常理、连续发生的事件之间是否存在因果联系、故事中的不同部分是否彼此矛盾	较好	一般	较差
2	开放性	指主体对改变的开放性程度以及对模糊状况的容忍度，有改变、成长和发展的需要。这样的故事才能够使个体拥有一个有着多种选择、多种可能性的未来	一般	较好	较差

序号	生成性特点	特征描述（成长型人生故事）	特质性退避型	状态性退避型	创伤性退避型
3	可信性	指故事的内容可信的程度，对事实没有重大的歪曲	较好	较好	一般
4	区分性	指故事的内容有丰富的人格描述、情节和主题，故事的区分性不断提高	一般	较好	较差
5	协调性	指对故事中矛盾力量的协调以及多重自我立场的和谐，好的人生故事提供了叙事的解决方式来确保自我的和谐与整合	较好	一般	较差
6	整合性	指人生故事是把一个人真实生活凝缩，把一个生活在具体历史时期、具体社会的人的具体生活以故事的形式展现出来	较好	一般	较差

从自我意义建构的角度来看，人生故事与一般的故事叙述相比，在更大的程度上追求连贯性、可信性和协调性，在人生故事的叙述中主体的差异表现在叙事主题、叙事的核心情节、叙事的情感基调、自我的意象、价值观等意识形态背景和事件对自我影响结果的不同。相比于成长型的人生故事在连贯性、开放性、可信性、区分性、协调性以及生成的整合方面的优势表现，退避型表现的男大学生在人生故事的生成性特点上有改善的空间，如表7-1所示。

从连贯性来看，退避型男大学生的人生故事中，特质性退避型表现和状态性退避型表现的主体故事连贯性较好，而创伤性退避型表现的男大学生的人生故事往往会让听众感到困惑，无法理解事情的发展过程。连贯性使人生故事更有意义，当然连贯性并不等同于事无巨细地报告人生经历，而是服务于自我探索的深入而使人生故事间有效地连接。

从开放性来看，成长型人生故事主体的叙事更具有灵活性和弹性。特质性退避型表现主体的人生故事连贯性好但灵活性不足，主体更多以"不变应万变"，状态性退避型的主体人生故事有一定的灵活性，但采取的应对方式缺乏建设性，也就是说主体对于改变持开放的态度，但是对于模糊的状态容忍度较低，更容易感到矛盾和痛苦，采取退避型的表现来应对。

从可信性来看，主体建构的人生故事是具有现实性的，是主体的心理社会构念，某种程度而言故事的建构也是由文化来决定的，因此自我同一性建构不是空想，是个体和文化共同创造的叙事。

从区分性来看，成长型的人生故事往往有比较丰富的人物性格描述、故事情节和叙事主题，人生故事的区分性会不断提高。特质性退避型的人生故事内容比较完整但主题一致性高、区分性弱，对自我探索的范围和深度受到影响。状态性退避型的人生故事中故事内容有区分度，主体主动进行有意识的探索。而创伤性退避型人生故事的区分度最低，主体并没有在故事中获得更多的成长和反思，缺乏获得新经验的能力。

从协调性来看，这是构造人生故事中最具有挑战的一项任务。成长型人生故事在解决冲突的过程中，对话变得更加丰富、深刻、复杂，所呈现出的侧面也会越来越多。特质性退避型人生故事区分性低，回避冲突来维持内在的相对和谐，但主体的潜能没有获得充分的发展，这个阶段的探索任务尚未完成。状态性退避型主体在寻求故事中各种矛盾力量间的协调，尚未达到内部立场与外部立场、外部立场与外部立场、内部立场与内部立场间的多重自我和谐。创伤性退避型主体表现出的自我矛盾和冲突较多，对自我的认知有限，负面的情感体验较多，主体需要自我立场间的更多对话以及外在支持系统的进入来丰富协调性的发展。

从生成性的整合性来看，成长型的人生故事提供了意义的形成与整合。状态性退避型主体在追求自我同一性的意义整合，特质性退避型主体需要引入更多的探索来促进整合，创伤性退避型主体的整合性较差。

二、退避型男大学生自我同一性发展的意义建构特点和支持性资源

男大学生自我同一性的意义建构的特点如下：总的来看，男大学生在同一性发展的重要事件中能够获得教训水平上、接近模糊意义的水平，对于未来的探索处于模糊、矛盾与短期具体计划之间尚未达到长期目标的水平，在对人生故事的自我成长意义建构中呈现出不确定即成长和成长之间的势态。

男大学生自我同一性意义建构的主要事件是人际事件、成就事件以及对话与自我反思，故事主题以能量主题为主。从报告重要事件时间上看对小学阶段的报告比例最高，这说明小学阶段对男大学生自我发展有重要影响；其次参与者报告对重要事件较多集中在对大学生活的反思和探索上。参与者对重要事件的整体叙说基调以处于消极情绪和积极情绪的中间状态为主。成长型人生故事的参与者更多报告成就事件，特质性退避型表现的参与者更多报告关系事件，状态性退避型表现的参与者更多报告自我反思与对话事件，创伤性退避型表现的参与者更多报告失败的或者受挫的事件。成长型人生故事的参与者也会报告受挫事件，但更多会报告事件对自我发展的影响，对失败或者受挫事件进行教训水平以上的建构；而特质性退避型表现的参与者报告的挫败事件，更多报告痛苦感受，缺乏对事件的有效应对和有意义的建构；状态性退避型表现的主体更多报告自我对挫败事件的批判性反思，主体感受到内在冲突的痛苦，尝试去面对和解决；创伤性退避型表现的主体则主要以退缩回避的方式来消极应对挫败事件，缺乏对事件的真正反思。可见，对挫败事件的归因、批判性反思影响了主体的自我同一性意义建构水平。主体自我的发展水平受意义建构能力的影响，事件的性质不是决定性因素，主体对事件的意义建构影响主体的态度和行为，对于消极事件的意义建构的结果对主体发展有重要影响。特质性退避型表现的男大学生对于归属感

的依赖较高，人际关系更多报告和谐；状态性退避型表现的男大学生在人际关系中报告了更多的社会评价和自我评价不一致的事件，进而引发主体的内在冲突，有亲密的人际关系支持，同时也有意识地选择回避部分人际交往；创伤性退避型表现的主体在人际社会支持部分较为缺乏。人际关系尤其是父母、同伴、老师影响主体的自我认识，在人际关系中的和谐或挫败经历的影响可能会泛化到男大学生对于学业、社会认知层面。此外，随着自主性的发展，未来的发展方向、工作就业等问题也进入大二男生的思考领域内，都需要对自我进行反思和评估，如对自我弱点和优势进行评估，这可能是大学生对成就事件意义建构水平较高的原因。McAdams 和 McLean 认为，个体拥有较为温暖和谐的人际关系后，互相依赖以及关心照顾他人的需求会有所满足。McLean 和 Pratt 发现意义建构复杂度与扩散、早闭的自我同一性状态呈显著负相关，与自我同一性达成呈显著正相关。

大学生同一性发展的重要支持性资源包括成长环境、重要他人（以父母为主）、文化资源（阅读）、幻想和自身经历，对不同内容领域间的同一性发展有明显的交互影响。Vleioras 等通过研究参与者的文本日记提出同一性形成动态系统模型，将个体和父母、朋友、感知到的能力等相关日常经验作为一种资源，这种来自生活的经验如果是积极的，就会对主体投入成熟过程发挥积极作用。McAdams 认为个体通过适当的故事来建构叙事自我同一性，而自我和文化则通过叙事达成共识，提出人生故事涵盖人们在不同人生阶段（童年期、青春期、成年期和老年期）在文化中学到的故事，这些故事告诉个体如何生活以及生活的意义，人生故事还可以清楚地说明我们预期生命的阶段和轨迹。文化为每个人提供了大量关于如何选择生活的故事，因为不同的人有不同的经历和机会，个人通过选择并构建适当的叙事同一性。在主体所在的独特的社会、政治和经济环境的引导下，根据其家庭背景和教育经历以及人格特质和适应性特征，他们从冲突的故事中进行选择，拒绝某些故事并修改其某些故事以适应自己的独特生活。大学生处于成年初期，远离家乡独立生活，面临新的学习环境。在后现代社会的背景下，大学生面临着更加复杂的社会环境和人际关系，面临着前所未有的多种选择。成年早期个人发展任务的复杂性使自我认同的发展更加不稳定，因此他们需要不断地调整自我，以适应这个瞬息万变的社会。

此外，本研究发现无论是成长型人生故事还是退避型人生故事的男大学生，都有参与者报告了幻想在自我成长过程中的表现，以往研究中幻想更多被看作是一种消极的应对方式，也有大量发展性研究从幼儿"假想伙伴"的视角分析其对儿童发展的影响，在本研究中则发现幻想作为一种应对方式，在男孩成长过程中并不少见。李俊茹发现男大学生比女大学生更多采取解决问题、求助和幻想的应对方式。但结论并不一致，也有研究发现女生比男生更多采用求助和幻想的应对方式。从积极的视角来看，作为一种支持性资源，幻想有防御性的自我保护功能和适应功能，但如果主体长期使用这种应对方式，幻想与现实的边界模糊，对个体的自我同一性发展会产生不利影响。在成长型人生故事中，主体已逐步建立起现实和幻想的边界，幻想作为一种应对方式时主体对其是可控的，是个体在现实中未获得的需要的一种补偿性替代，幻想和现实不断尝试进行连接，用更有现实感的应对方式逐步替代或减少幻想的方式。在创伤性退避型表现的危机态人生故事中，幻想成为主体逃避现实困扰的策略，主体拒绝面对问题。在特质性退避型表现的稳定态人生故事中，幻想更多以一种稳定的兴趣爱好的特征出现，和现实世界相比，幻想世界更丰富多彩。个体感觉到无聊时，会对当前状态感到不满意，表现出难以维持注意力和参与度的特点，主体一般会通过自我调节寻求替代性的情境、目标和行为来缓解无聊的感觉。主体为了降低由无聊带来的意义感缺乏，当有机会回忆过去时其回忆内容的怀旧水平更高，怀旧可以提升个体的归属感和自尊，这是生命意义感的重要组成部分。

三、关于男孩养育问题的一些思考和建议

从心理学的视角来看，教育问题某种程度上可以看作是一种自我认识和自我指导的过程。家庭教育是父母和子女共同建立的一个教育空间，家长的自我和儿童的自我在这个空间里互动、建构和整合。儿童的自我认识和自我指导能力尚在发展中，在不同年龄阶段其自我认识的水平和自我指导的能力表现出发展性的特点和成长性的需求，这说明一方面儿童需要成年人的教育、关注引导他们的成长；另一方面儿童的自我认识和自我指导在不断的发展中，成年人需要根据儿童变化中的需求调整自己的教育和引导策略，在这个互动的过程中，成年人本身也应该具备不断地自我认识和自我指导的能力。因此在儿童的养育和家庭教育过程中，有两个主题是需要特别关注的，也是最有挑战的，其一就是对于儿童心理发展和成长性需要的了解，其二是父母本身在教育子女过程中的自我认识，是否能够对自己的教育过程、教育理念、教育方式进行反思，根据孩子的特点和需求来调整自己，在家庭教育这个空间中，父母和孩子是互动的主体，也是两个都需要成长的主体。

本研究聚焦了退避型男大学生的自我同一性意义建构过程和发展机制，回溯男孩成长中可能需要关注的问题，对家庭教育中的男孩养育问题提出以下建议。

（一）通过孩子的问题理解孩子的感受，感受的背后是儿童成长的需求

父母在养育孩子的过程中，一般都会通过言语去教导孩子，容易忽略通过问题去理解孩子在某种具体情境中的感受。相对于同龄的女孩，男孩在对自己的感受理解和语言表达上往往处于弱势，男孩更不善于用语言表达自己的感受和需求，往往无意识地通过外在的行为去应对自己的情绪。在本研究中，成长型的人生故事主体比退避型人生故事的主体

对自我感受、需求的表达更清晰，在成功和失败情境下对自我的归因更积极，也就是说自我同一性发展得更好的主体对感受的表达能力更强。在男孩养育的过程中，对孩子某一阶段表现出来的所谓"问题"行为，可以换一个视角去看待，即"问题"的背后是成长需求发出来的信号，家长需要意识到孩子此时需要成年人的指导和帮助，更需要成年人理解自己的感受和需求，应该说这个观点对于无论男孩还是女孩的教育引导同样重要，但男孩更需要家长的耐心陪伴和理解。在中国人的传统教育理念之中，有所谓"男儿有泪不轻弹"的观点，一定程度上反映了我们在教育问题中的性别刻板印象，男孩的情绪更容易受到压抑，而同时男孩又不善于表达情感，所以从男孩养育的家庭教育视角出发，家长应该意识到当男孩面临自己难以承受的压力或者焦虑时，他们不只是想要解决问题，还需要父母能够理解他们正在经历什么，当父母试图去理解孩子的言语和行为时，也同时向儿童或青少年示范了如何去理解自己的想法和感受，个体不仅仅获得了父母的理解，也学习获得了理解自己感受和想法的策略和方式。同时，当家长正确地理解了孩子的想法、感受和需要时，所谓的"问题"自然也就解决了，而家长通过这个教育过程也能够获得批判性的反思和意义性的建构，也有利于家长的自我同一性发展和整合。因此在这个教育空间中，教育的双方主体都获得了成长。反之，如果父母没有理解孩子的情感体验，孩子可能会继续重复某种"问题"行为，父母可能会觉得孩子确实"出了什么问题"，双方可能会陷入这种恶性循环，家长没有真正帮助孩子解决问题，孩子和父母双方都感到不被理解，孩子变得对家长和自己都感到失望、沮丧，进而可能产生消极性的自我认知和应对模式。

（二）既要给予孩子自我认识的引导，也要给予孩子自我探索的空间

儿童的发展是人格整体的发展，个体形成的自我概念中既有自我认

识和评价，也有自我的情感体验和自我的意向调节，从内容上看自我概念既包括主体对于自己具有领域特殊性的自我评价，如对自己外貌、运动、学业方面的自我评价，也包括一个人的整体自尊和自我价值感等。个体的自我同一性形成过程是对自我人生经历的意义建构的叙事过程，既有自我的特殊性和连续性的特点，也反映出个体的自我定位。成长型人生故事、特质性退避型人生故事、状态性退避型人生故事的男大学生参与者总体上自我概念相对更积极，而创伤性退避型表现的男大学生参与者自我概念相对更消极。一个人自我概念表现为积极还是消极，影响主体的态度、动机和行为。在男孩养育的过程中，家长一方面要给予儿童青少年自我认识上的引导，帮助他们更多去对自我进行反思，引导主体建立具有可塑性、可改变的自我发展观。家庭教育的情境具有即时性的特点，在生活中发生的养育问题就是家庭教育的契机，父母如果能够树立一种长期的教养目标，比如希望孩子能够诚实守信、积极乐观、乐于助人、有责任感、有担当等，那么家长就可以结合长期目标的达成去看待孩子当下的行为，而不局限于仅仅把孩子当下的行为看作一个问题短期进行改变，而是能够聚焦一个短期行为的改变和长期目标达成之间的联系，这也有助于孩子更全面认识自己。另一方面，家长对孩子的期望不能等同于孩子自我发展的目标，需要给予孩子一定的自我探索的空间，让孩子去发现自己、认识自己，寻找自己发展的方向。在中国的文化语境中，要求孩子"听话"是常见的家长教育目标，从积极的视角来看，一方面可以将"听话"理解为家长希望孩子遵守规则、尊重权威、认同父母的教育理念，有助于儿童青少年自我社会化的过程；另一方面"听话"也可以理解为孩子对于亲子关系的一种依赖、对权威的顺从、对父母教育理念的全盘接受，这不利于儿童青少年自我同一性的探索。我们要正视"听话"在教育方式中的客观存在，同时也需要家长意识到教育过程需要有更多的自我反思，笔者认为如果家长、教师将"听话"作为教育理念的一部分，那么就需要建立"听话"是双向的教育过程，即父母希望孩子听自己的话，那么父母也要真正学会倾听孩子的话，只有在这样双向、平等的互动中，才能为男孩的自我成长和发展创造更有利的空间。

（三）在教养过程中，情感的温暖和行为的指导两者同样重要

自我同一性发展的重要支持性资源包括成长环境、重要他人（父母为主）、文化资源（阅读）、自身经历等，其中父母和家庭对于个体的成长又会影响到其他支持性因素。每个人的成长都离不开家庭，通过父母的人格特点、教养方式、教养理念、家庭结构和家庭功能等对儿童青少年成长产生影响。对比成长型和退避型男大学生人生故事，笔者试图从情感温暖和行为指导两个维度来看父母的教养风格对于主体自我同一性意义建构的影响（见图7-1），高情感温暖意味着家长在教育过程中能够高度关注孩子的感受和需要；低情感温暖则表明忽视孩子的感受和需要。行为指导指家长对孩子的行为严格地要求并给予指导的程度，行为指导建议尽量使用行动而不是语言，尊重主体是自己行为的决定者，家长用行动而不是语言的指导使主体进行自我选择进而真正内化为自我指导。

Maccoby 和 Martin（1983）扩展了著名发展心理学家 Diana Braumrind 在20世纪60年代中期提出的父母教养风格的类型，将其分为专制型、授权型、纵容型和忽视型。对应该理论观点，这四种类型可以放入图7-1的对应位置，授权型具有高温情高指导的特点，专制型具有高指导低温情的特点，纵容型具有高温情低指导的特点，忽视型具有低温情低指导的特点。父母在教养过程中所展现出来的教养风格，一般而言会符合上述四种教养风格类型之一但往往并不典型，大多数的家长实际上是在温情和指导的两个维度中某一个位置，如果用某一种教养风格来描述可能会缺乏对于自己教养方式的清晰认识。在本研究中，具

有高探索性主体的家庭教养环境中，主体能够感受到来自父母的温暖和安全感，同时父母也对个体的行为进行建议和指导，而在低探索性主体的家庭教养环境中，父母的教养方式要么在温情的维度上过高或过低，要么在指导的维度上过高或高低，主体在自我报告中对于家庭功能的认可度低。自我同一性的发展历程表现出个体从依赖到独立的特点，因此在男孩养育过程中，家长应根据儿童发展的阶段性特点有意识地调整自己的教养风格。在生命的早期阶段，幼儿对于家庭环境和父母的依赖性强，充分的情感温暖符合主体需要，随着儿童年龄的增长及自我认识能力的提高，对于行为的自主性需要增强，这就需要家长加强对行为的指导，当个体的发展以独立性需要为主时，家长能够适当地调整自己的情感关注和行为指导方式，教养风格应该是灵活的、具有方向性和变化性的，其宗旨是符合主体自我发展的需要。

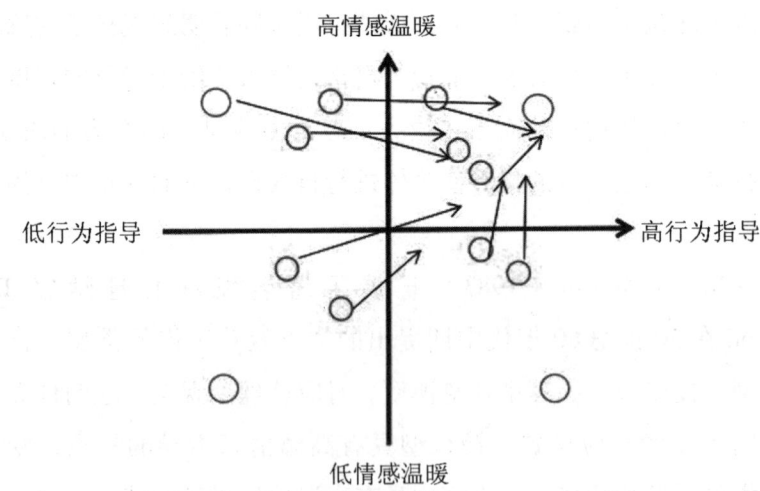

图 7-1　情感温暖和行为指导两个维度的教养风格分类

此外，需要注意的是情感的温暖能够给予成长中的主体足够的安全感和归属感的满足，但在教育过程中应避免过度关注。在创伤性退避型表现和特质性退避型表现的男大学生案例中，我们看到在一些个案中，主体过度依赖来自他人的关注，会对自我的同一性发展造成不利影响。家长需要给予孩子足够的爱和关注，但是也需要觉察适当关注和过度关注之间的区别。家庭教育的目标之一是培养孩子成为一个独立的人、有能力的人，过度的关注会导致个体难以自我满足，需要依赖他人的评价、关注来确定自我的价值，当他人无法对自己回应时，主体会产生自我怀疑、无力、无助的感觉，如"是不是我不好""他/她为什么不喜欢我了"，从而对自我持否定的态度。正如在一些特质性退避型表现和创伤性退避型表现的人生故事中所看到的那样。

（四）家庭教育中，应注意积极归因风格和批判性反思的训练

本研究发现，自我同一性的形成有赖于批判性反思和自我的归因风格，相比于退避型人生故事，成长型人生故事的主体更积极乐观。因此，在男孩养育过程中，家长可以有意识地对儿童青少年进行积极归因风格和批判性反思训练。积极心理学家塞利格曼认为，乐观是可以习得的，通过积极的归因风格可以培养主体乐观的心态。归因风格是从童年开始发展的，父母的教育方式会影响儿童主体归因风格形成。归因风格的判断常见于三个维度，即永久性、普遍性和个人化。当孩子成功时，使孩子意识到成功是自己努力的结果，强调过程和成长，引导孩子关注那些自我可控的、可以改变的成长性因素，成功被解释成为有利于能力的提高、对努力的认可、对变化的可塑性，而不是把成功当作是一个稳定不变的结果。当孩子遭遇挫折时，使孩子意识到一次失败只是暂时的、特殊的、可以改变的，当主体接收到这样的解释时，不仅可以获得心理安慰，更重要的是有利于主体信心的建立及自我价值感的稳定，并去尝试改变。

此外，通过家庭教育也可以有意识地培养儿童青少年的批判性反

思。从退避型男大学生总体来看，这类参与者的自我同一性意义建构过程中批判性反思能力是制约和影响自我同一性发展的因素。在男孩养育的过程中，家长可以在教育情境中引导孩子进行适当的"反驳"，比如当家长和孩子的观点不一致时，双方通过摆事实讲道理来说服对方、佐证自己观点的过程就是生活中的批判性反思教育。批判性反思的最主要原则是"正确"，真理越辩越明，父母用自己的行动来给孩子示范，反驳对方的观点必须依据事实，且这些事实是可证实的，通过搜集选择证据反驳对方的观点，化解观点中不一致的地方，还可以使用一些反驳的策略。孩子通过反驳家长的观点，同时也模仿家长反驳自己的方式，来学习批判性反思的技巧，并逐渐内化为自己的能力。当主体遇到内在冲突时，会使用批判性反思来验证不同的观点。

第八章　研究总结和反思

一、研究结论

（一）男大学生自我同一性意义建构的特点

本研究以开放式抽样为原则，共收到有效叙事文本材料 67 份，文本材料以类别内容分析为主，从意义建构、事件编码和情绪编码 3 个层面，用意义建构复杂度、叙事主题、事件类型、叙说基调、重要他人、自我成长水平以及未来计划 7 个指标，分析男大学生的自我同一性意义建构特点。结论如下：

从对重要事件的自我同一性意义建构水平上来看，男大学生能够获得教训水平上、接近模糊意义的水平，对于未来的探索处于模糊、矛盾与短期具体计划之间，尚未达到长期目标的水平，在对人生故事的自我成长意义建构中呈现出不确定的成长和成长之间的势态。

从意义建构的事件类型来看，男大学生自我同一性意义建构的主要事件为人际事件（41.4%）、成就事件（25.4%）以及对话与自我反思（19.8%）。从男大学生自我同一性意义建构的故事主题来看，以能量主题为主，更多在成就/责任、力量/影响、自我掌控、地位/胜利等主题上建构事件意义。

从报告重要事件时间上看，男大学生在自我同一性的意义建构中，对小学阶段的报告比例最高，说明小学阶段对主体自我发展有着重要影响。其次参与者报告的重要事件较多集中在对大学生活的反思和探索上；从参与者对重要事件的整体叙说基调来看，以处于消极情绪和积极情绪的中间状态为主；从参与者报告的重要他人特点来看，依次为亲人（主要是父母）、朋友和老师。

（二）男大学生退避型表现的界定和不同类型

本研究以关系性和差异性抽样为目的，进行二次抽样，研究重心从关注男大学生自我同一性的意义建构特征转为关注发现"现象"，共选取 23 名男大学生的叙事文本材料，主要采用叙事主题分析和类别内容分析方式，对退避型表现的概念进行界定、特点描述和类型分析。首先，本研究认为退避型表现描述的是个体所表现出来的避开与畏难不前的状态，这种退缩的、不作为的心理及行为表现在男大学生中具有一定典型性；其次，退避型的表现主要反映在行为上懒散、情感上淡漠、意向上迷茫的状态；最后，退避型的表现呈现为三种方式："特质性""状态性""创伤性"。

表 8-1 三种退避型男大学生的特征性描述

序号	分类	区别	特征描述
1	特质性退避型	寻求稳定"不想动"	个体对于自我的定位趋于一种稳定化的倾向，对成功失败的归因往往和自我相关联，对自我缺乏持续探索的兴趣和动力，自我潜能未获得充分的发展

序号	分类	区别	特征描述
2	状态性退避型	想动但暂时没有动起来	意向和行动的相互"矛盾",个体正在经历自我同一性的危机,对自我产生怀疑和不确定,但还没有找到明确的方向,止步于行动,但从长远来看具有发展性的潜力
3	创伤性退避型	几乎"完全动不起来"	个体曾经有过在心理体验上的严重受挫、被伤害感,主体采取过度的防御方式来进行自我保护,这种方式保留下来并泛化到生活中各个层面,稳定成为一种应对风格,适当的心理干预或者社会支持功能的充分发挥有利于这类主体的发展

(三)退避型男大学生自我同一性意义建构的特点和影响因素

根据人生故事的生成性特点,以关系性和差异性抽样为原则抽取成长型叙事文本材料 7 份,与退避型叙事文本材料 23 份进行对比分析,本部分主要采用类别内容分析和叙事主题分析方法,聚焦退避型男大学生的自我同一性意义建构特点和影响因素,结果如下。

通过成长型的人生故事和退避型的人生故事对比,分析退避型表现的男大学生自我同一性意义建构的特点:特质性退避型男大学生的稳定态人生故事中自我同一性叙事表现出单调平淡、强调归属感的特点;状态性退避型男大学生成长态人生故事的自我同一性叙事表现出矛盾怀疑,强调目标感的探索;创伤性退避型男大学生危机态人生故事的自我同一性叙事表现出逃避否定,强调安全感的特点。

男大学生自我同一性发展的重要支持性资源包括成长环境、重要他人(父母为主)、文化资源(阅读)、自身经历和幻想,共同影响不同表现主体的自我同一性意义建构特点。

从"依赖"到寻求"独立"是男大学生自我同一性发展的趋势,在退避型男大学生自我同一性形成过程中,寻求安全感、归属感和目标感依次是创伤性、特质性和状态性退避型男大学生自我发展的主要需求。

（四）退避型男大学生自我同一性意义建构的机制

以典型个案抽样为原则，选取 3 份典型退避型男大学生的叙事文本材料，主要采用整体内容分析和叙事主题分析方式，分析男大学生自我同一性意义建构的过程，在上述已有研究基础上建立自我同一性意义建构的形成性叙事模型。结果如下。

首先，自我同一性的形成是主体通过对自身生活经验的选择性叙事来不断反思、建构自我的过程。通过对特质性退避型的稳定态人生故事、状态性退避型的发展态人生故事、创伤性退避型的危机态人生故事的分析对比，发现男大学生的同一性形成过程可以分为 3 个阶段——阶段 1："遭遇问题，迷茫适应"，表现为主体间基于自我评估与自我认同的选择性分化。阶段 2："直面问题，探索反思"，表现为主体间基于执行力与自控力的选择分化。阶段 3："解决问题，抉择确认"，表现为主体间基于反思性选择和直接接纳的分化。创伤性退避型男大学生的自我同一性意义建构主要停留在阶段 1，表现为反复体验痛苦、自我放任、陷入痛苦；状态性退避型男大学生的自我同一性意义建构进程在阶段 1 和阶段 2，还未达到阶段 3，主要表现为矛盾怀疑、广泛探索、自我锚定；特质性退避型男大学生自我同一性的意义建构阶段表现为阶段 1 和阶段 2，体验不够深入，缺乏深度探索，表现为初步定向、有限探索、自我调节。

其次，创伤性退避型表现的危机态人生故事的参与者所报告的情绪多感受多，意义建构更关注于事件本身，事件对自己的成长或者收获影响小，在自我内部对话空间中缺乏自我立场间的对话，自我定位模糊，主体表现出缺少探索和尝试。特质性退避型的稳定态人生故事参与者在冲突中所报告的事件对自己的影响或自己的收获较多，感受和情绪较为平淡，事件对自我认识、对自我改变的建构很少，即没有在更深入的层面对自我进行探索，在自我空间中外部立场的对话性明显强于内部立场，主体更依从于外在评价。状态性退避型的发展态人生故事参与者在冲突的意义建构中更关注自己的收获和转变，冲突事件多为自我定位和他人认同的冲突，主体在解决冲突过程中，更关注事件对自我意义的批判性反思，在自我内部空间中内部立场占主导地位，主体在自我探索的尝试中，还未形成明确的目标和投入。比较而言，状态性退避型的发展态人生故事的主体相对而言更倾向使用批判性反思、内部归因、内在比较，创伤性退避型表现的危机态人生故事建构的主体更倾向于使用直接接纳、外部归因，前者的自我同一性发展得相对更好。

再次，自我同一性形成的过程，首先是冲突事件进入主体视野，意义建构的过程就是主体在他人、情境、事件带来的内在冲突中是否经过反思性选择，从而是否形成稳定承诺的过程。在解决冲突的过程中，外部的支持性资源选择性进入主体内部的自我对话空间，自我同一性发展的意义建构过程包括3个阶段，3个阶段间是可逆的、互动的。自我同一性意义建构过程中，主体寻求的主要动机（安全感、归属感、目标感、价值感）不同，即主动性内在需求不同，使得主体自我同一性意义建构的关注点产生差异，在冲突解决的过程中，3个阶段都会产生影响。此外，宏观的文化因素通过渗透到主体所在的微环境影响主体的意义建构，意义建构的过程即是自我创新和对自我进行投入的过程。高探索状态的参与者（成长型人生故事）在意义建构时更倾向于谈论事件对自己的影响以及自己的收获，低探索个体（退避型人生故事）建构的意义复杂度较低，更关注事件本身和自我感受。因此，对比成长型和退避型的男大学生，在自我同一性的意义建构过程中，主体如果能够适度地摒弃旧有的自我认识，对自我认识的转变呈开放性的态度，会更有利于自我同一性的发展。

最后，从文化心理学的发展观出发，对退避型男大学生的自我发展提出干预建议，特质性退避型主体自我发展的干预重点在于增强"现在的投入"，状态性退避型主体自我发展的干预重点在于形成"将来的愿望"，创伤性退避型主体自我发展的干预重点是解决"过去的危机"。

二、研究的创新之处

第一，从研究内容上看：国内涉及自我同一性的主体性、与环境互动性以及同一性发展过程、阶段、机制的实证研究很少，聚焦于教育实践领域中男大学生"动不起来"的现象，从问题出发探讨退避型男大学生自我同一性的意义建构特点和机制，可以进一步丰富同一性的理论研究视角。

第二，从研究方法看：从自我叙事的角度研究自我同一性的发展，以叙事探究为主要研究方法，发现和分析退避型男大学生的自我同一性的意义建构的特点、影响因素、建构过程和形成机制，以往较少有研究涉及这一视角，因此需要实证研究来填充。

第三，从研究对象上看：目前已有的同一性研究中，对男女在同一性形成、发展和分布等议题上的研究结论并不一致，几乎没有对男大学生这一群体同一性发展的特点和形成机制作单独的研究。

第四，从研究视角看：目前已有的同一性研究中，在微观水平和动态水平上对退避型表现的自我同一性发展研究较少。通过退避型表现人生故事和成长型表现人生故事的比较分析，分别从典型性和普遍性两个角度说明了叙事方式对人格的影响作用，具有充分的解释意义。

三、研究的不足之处

首先，研究对象的选择。根据已有研究的结果，大二、大三学生是同一性发展的关键期，因此本研究主要以大二、大三男生为目标群体，主要采用横断研究的方法研究自我同一性的意义建构特点和机制，而自我同一性发展是毕生课题，意义建构也可能随年龄、阅历的增长而改变，因此，未来研究可采用追踪研究或聚合交叉研究等方式，将四个年级学生都纳入研究范畴，研究结果将更具有说服力。

其次，本研究采用质性研究方法。采用目的性抽样，以典型性和差异性为抽样原则，样本选取量较小，适合作深度分析。如研究结果要在人群中进一步推广，还需结合被试个人特点斟酌，未来研究可适当加大样本量。

再次，未来研究可以更多关注将个体置于生态背景中进行退避型男大学生自我同一性意义建构的机制研究，从微观系统、中观系统到宏观系统的宏大视角，细化变量间的交互作用，建构个体自我同一性发展与环境之间的形成过程和发展机制。

最后，研究中发展男大学生自我同一性发展的支持性资源中，阅读和幻想作为应对方式对于主体自我同一性意义建构的影响，未来研究可以进一步深入探索。

附录一　男大学生同一性叙事故事问卷

一、请填写以下信息

学校：_____　　院系：_____

性别：_____　年级：_____　年龄：_____岁

你来自：_____　省/市_____（填"城市"或"农村"）

二、指导语

你有没有想过自己是个怎样的一个人？回顾以往的生活，哪些人、事或者经历影响了你，使你成为今天的你？请回忆那些在成为今天的你这个议题上关键性的转折点事件。这些事也许让你高兴、伤心，也许让你愤怒、愧疚，也许让你有挫败感或成就感；也许发生在和老师、同学、朋友、亲人的互动之中，也许只发生在自己身上；可能这是件大事，当时就引发了你对自己重新的思考和认识；它也可能是件小事，当时你觉得没什么，但现在想，会认为它确实让你发生了一些变化；经历这件事之后，你也许开始怀疑或更加确定了自己的某些方面，也许发现了以前不曾了解的自己，也许对已经了解的部分有了更深的理解和认识等。总之这些事使得你在一定程度上反思自己，使你对自己的理解和认识发生了比较重大的改变。请静下心来去回忆一下那些让你印象深刻的、能够证明你的自我成长的故事吧！没有任何的限制，仅仅需要根据自己的内心去记录，尽可能详细地写下自己对这些事的思考和收获以及它怎样说明了你的转变。当我们对自己有了更多的理解后，你希望未来的你是什么样子的？请尽可能去描述一下你对自己未来的期许。

您所提供的材料仅仅作为研究使用，尊重您的个人利益和隐私保护，所有材料不会用于任何商业用途或者公开发表。如果您愿意可以在研究报告完成后和您一起分享交流。写作时间没有限制，请在一周内完成即可，请投递至×××（研究者办公地址），联系方式××××，感谢您的参与和支持。

附录二　招募文本

亲爱的同学：

您好！本人系华东师范大学心理与认知科学学院发展与教育方向博士研究生。如果您是大二或者大三的男生，我们真诚邀请您参加本次调查，希望得到您的支持与合作！这是一份仅用于研究男大学生自我发展过程的问卷，问卷内容包括两个部分：第一部分是一般情况（主要为人口统计学信息）；第二部分是请根据指导语要求完成一个成长故事的写作。完成这个问卷与您的任何学业成绩和操行评定都毫无关系。我们会对您的作答内容严格保密，不会让研究者以外的任何人看到（包括您的老师、同学等），您的作答无对错之分，您只需要仔细阅读提示要求，根据自己的实际情况完成即可。

报酬：一支笔。如果中途退出项目，同样会得到报酬。

被试要求：大二或大三男生，母语为汉语，无精神疾病。

如果您符合上述要求，并愿意参加本研究，或者您对本研究感兴趣欢迎您联系我（手机号××××，微信同此号码）。您参与本研究是自愿的，因而您可以随时退出研究，且不会遭到任何惩罚。

谢谢！

主要参考文献

中文文献

[1] 埃里克·H. 埃里克森. 同一性：青少年与危机 [M]. 孙名之，译. 杭州：浙江教育出版社，1998.

[2] 埃里克·H. 埃里克森. 童年与社会 [M]. 高丹妮，李妮，译. 北京：世界图书出版社，2008.

[3] 安东尼·吉登斯. 现代性与自我认同 [M]. 北京：生活·读书·新知三联书店，1998.

[4] 安秋玲. 青少年自我同一性发展研究 [J]. 心理科学，2007，30（4）：895-899.

[5] 保罗·朗格让. 终身教育导论 [M]. 滕星，等译. 北京：华夏出版社，1988.

[6] 毕重增，肖影影，李雪姣，等. 性别角色对大学生自我价值感的影响 [J]. 西南师范大学学报（自然科学版），2013，38（4）：112-116.

[7] 陈康怡，卢铁荣，段威. 权力动力学视角下的蛰居青少年家庭关系与自尊问题研究 [J]. 青少年犯罪问题，2017（5）：97-107.

[8] 陈坚. 大学生存在焦虑、自我同一性与焦虑、抑郁关系研究 [D]. 福州：福建师范大学，2009.

[9] 陈永玲. 大学生自我同一性发展的叙事建构研究 [D]. 长春：东北师范大学，2014.

[10] 陈雨曦. 基于生命故事范式的中职生自我同一性叙事建构特点研究 [J]. 心理技术与应用，2019，7（5）：305-312.

[11] 代杏子. Bronfenbrenner 生态系统学说及演化：交互作用发展观探索 [D]. 上海：华东师范大学，2011.

[12] 范晓琳，杨伊生. 大学生应对方式与社会支持的相关研究 [J]. 内蒙古师范大学学报（教育科学版），2007（S1）：69-72.

[13] 弓思源，胥兴春. 始成年期自我同一性发展特点及影响因素 [J]. 心理科学进展，2011，19（12）：1769-1776.

[14] 郭金山，车文博. 自我同一性与相关概念辨析 [J]. 心理科学，2004，27（5）：1266-1267，1250.

[15] 郭永玉. 人格研究 [M]. 上海：华东师范大学出版社，2016.

[16] 郭永玉，胡小勇. 特质、动机和叙事：人格研究的三种范式及其整合 [J]. 心理科学，2015，38（6）：1489-1495.

[17] 郭金山. 西方心理学自我同一性概念的解析 [J]. 心理科学进展，2003，11（2）：227-234.

[18] 郝雁，闫琼. 某高校大学生心理压力与应对方式的实证研究 [J]. 中国医学伦理学，2016，29（3）：404-407.

[19] 何相材，郭英，何翔，等. 中国青少年情绪调节自我效能感性别差异的元分析 [J]. 上海教育科研，2019（8）：44-47.

[20] 韩晓峰，郭金山. 论自我同一性概念的整合 [J]. 心理学探新，2004，24（2）：7-11.

[21] J. 瓦西纳. 文化和人类发展 [M]. 孙晓玲，罗萌，等译. 上海：华东师范大学出版社，2007.

[22] 江楠楠. 大学生同一性发展特点和机制研究：风格、脚本与意义建构 [D]. 上海：华东师范大学，2012.

［23］凯根. 发展的自我［M］. 韦子木, 译. 杭州：浙江教育出版社, 1999.

［24］李晓文, 陈菲. 人格发展（第 2 版）［M］. 上海：上海科学技术出版社, 2011.

［25］李晓文. 人格发展心理学［M］. 杭州：浙江教育出版社, 2008.

［26］李芳芳. 石家庄市大学生家庭功能与自我同一性对主观幸福感的影响研究［D］. 石家庄：河北师范大学, 2008.

［27］李静. 大学生的性别角色与关系攻击［D］. 济南：山东师范大学, 2012.

［28］李文道, 孙云晓. 我国男生"学业落后"的现状、成因与思考［J］. 教育研究, 2012, 33（9）：38-43.

［29］李小华. 青少年的自我同一性形成结构、特点及其影响因素［D］. 广州：广州大学, 2013.

［30］林崇德, 杨治良, 黄希庭. 心理学大辞典［M］. 上海：上海教育出版社, 2003.

［31］林静. 青少年自我同一性发展的相关因素研究述评［J］. 社会心理科学, 2007（1）：50-54.

［32］林楠, 吴佩婷. 青年研究的叙事转向［J］. 当代青年研究, 2017（4）：110-115.

［33］刘晶. 大学生父亲教养方式与应对方式的关系［J］. 社会心理科学, 2016（3）：53-57.

［34］刘媛媛. 对青少年自我同一性建立与自我发展困境的个案研究：以北京市西城区某区重点学校二年级 A 班为例［D］. 北京：中国社会科学院, 2012.

［35］刘电芝, 徐振华, 刘金光, 等. 当代大学生性别角色发展现状调查分析［J］. 教育研究, 2009, 30（12）：41-46.

［36］刘佳. 用埃里克森自我同一性理论透视大学生自我意识的形成过程［J］. 高教发展与评估，2010，26（1）：100-105.

［37］刘楠，张雅明. 同一性风格：青少年自我同一性研究的新视角［J］. 心理科学进展，2010，18（4）：691-698.

［38］刘毅，郭永玉. 叙事研究中的语境取向［J］. 心理科学，2014，37（4）：770-775.

［39］卢文格. 自我的发展［M］. 韦子木，译. 杭州：浙江教育出版社，1998.

［40］陆佳颖，李晓文，苏婧. 教育戏剧：一条可开发的心理潜能发展路径［J］. 华东师范大学学报（教育科学版），2012，30（1）：50-55.

［41］马敏. 完美主义人格的质的研究［D］. 北京：北京林业大学，2010.

［42］马一波，钟华. 叙事心理学［M］. 上海：上海教育出版社，2006.

［43］马青. 大学生性别角色类型、应对方式与亲密关系质量的关系研究［D］. 杭州：杭州师范大学，2016.

［44］马姝. 被建构的"男孩"［J］. 青年研究，2010（4）：90-93，96.

［45］麻晓磊. 大学生性别角色类型、父母教养方式及其与生活满意度的关系研究［D］. 太原：山西大学，2010.

［46］裴利华，李芳，谭志平. 大学生自我同一性干预效果研究［J］. 中国健康教育，2008，24（1）：38-39，46.

［47］郗汀洁. 21 世纪日本啃老族问题剖析［J］. 当代青年研究，2018（3）：123-128.

［48］佘玛圭. 性别助长及性别角色对大学生利他行为的影响研究［D］. 南昌：江西师范大学，2015.

［49］任蓉蓉. 大专生自我同一性的干预研究［D］. 芜湖：安徽师范大学，2013.

［50］尚珺，吴国来. 自我同一性与自尊、依恋及同伴关系［J］. 心理研究，2014，7（1）：10-14，22.

［51］谈有花. 大学生自我同一性的研究［D］. 南京：河海大学，2006.

［52］汪新建，朱艳丽，吴津. 不同人称叙事视角对于自我发展的影响研究［J］. 山西大学学报（哲学社会科学版），2010，33（6）：114-118.

［53］汪新建，朱艳丽. 叙述方式、自我视角与自我发展［J］. 心理科学进展，2010（12）：1858-1863.

［54］王辉. 大学生自我同一性和自我分化对职业探索行为的影响［D］. 西安：陕西师范大学，2008.

［55］王兰锋. 青少年学生自我同一性研究［D］. 开封：河南大学，2005.

［56］王林江. 大学生自我同一性现状与形成机制的探索性研究［D］. 成都：四川师范大学，2010.

［57］王树青，陈会昌，石猛. 青少年自我同一性状态的发展及其与父母教养权威性、同一性风格的关系［J］. 心理发展与教育，2008，24（2）：65-72.

［58］王树青，陈会昌. 大学生自我同一性状态问卷中文简版的修订［J］. 中国临床心理学杂志，2013（2）：196-199.

［59］王树青，朱新筱，张粤萍. 青少年自我同一性研究综述［J］. 山东师范大学学报（人文社会科学版），2004，49（3）：29-32.

［60］王艺姝. 隐蔽青少年问题行为与人格特质的相关性研究［D］. 北京：中国青年政治学院，2017.

［61］王宇驰. 生命意义的建构［D］. 上海：华东师范大学，2018.

［62］王潇. 微信使用对大学生自我同一性发展的影响［D］. 南京: 南京大学, 2018.

［63］王珍. 大学生亲子依恋、自我同一性与职业探索的关系研究［D］. 武汉: 华中科技大学, 2011.

［64］魏冬颖. 大学生自我同一性状态与意义建构的关系［D］. 石家庄: 河北师范大学, 2015.

［65］乌阿茹娜, 李晓文. 自我同一性发展研究的倾向及其系统化探讨［J］. 华东师范大学学报 (教育科学版), 2013, 31 (4): 55-60.

［66］吴津. 叙事方式对于人格发展的作用研究: 以天津某高校为例［D］. 天津: 南开大学, 2010.

［67］辛素飞, 刘丽君, 辛自强, 林崇德. 中国大学生应对方式变迁的横断历史研究［J］. 心理与行为研究, 2018, 16 (6): 779-785.

［68］徐安琪. 男孩危机: 一个危言耸听的伪命题［J］. 青年研究, 2010, 1: 41-46.

［69］徐娜. 大学生自我同一性发展研究［D］. 长春: 东北师范大学, 2008.

［70］徐晓彤. 曾国藩的人格探究: 基于McAdams人格理论及方法［D］. 武汉: 华中科技大学, 2016.

［71］杨绿. 自传体记忆: 记忆建构与自我建构的同一［D］. 长春: 吉林大学, 2007.

［72］杨世欣. 叙事疗法: 话语下绽放的叙事自我［J］. 漳州师范学院学报 (哲学社会科学版), 2013, 27 (4): 134-137.

［73］于秋彦. 大学生父母教养方式、情感自主与自我同一性的关系［D］. 石家庄: 河北师范大学, 2014.

［74］张镇, 张建新. 自我、文化与记忆: 自传体记忆的跨文化研究［J］. 心理科学进展, 2008, 16 (2): 306-314.

［75］郑雪. 人格心理学［M］. 广州: 暨南大学出版社, 2017.

[76] 赵亮，赵燕. 心理治疗信件在叙事治疗中的运用（综述）[J].中国心理卫生杂志，2015，29（3）：161-166.

[77] 赵苊. 上海体育学院在校学生自我同一性状态与职业探索的相关性研究 [D]. 上海：上海体育学院，2013.

[78] 郑剑虹，黄希庭. 国际心理传记学研究述评 [J]. 心理科学，2013（6）：1491-1497.

[79] 郑剑虹. 叙事认同研究进展 [J]. 中国临床心理学杂志，2016（2）：376-380.

[80] 钟华. 人生故事：理解人格的另一种途径 [D]. 武汉：华中师范大学，2005.

[81] 周红梅，郭永玉. 自我同一性理论与经验研究 [J]. 心理科学进展，2006，14（1）：133-137.

[82] 周红梅. 大学生自我同一性与心理健康关系的研究 [D]. 武汉：华中师范大学，2006.

[83] 张璐璐. 大学生性别角色类型与家庭教养方式及情绪弹性的关系研究 [D]. 成都：四川师范大学，2015.

[84] 张日昇. 同一性与青年期同一性地位的研究：同一性地位的构成及其自我测定 [J]. 心理科学，2000，23（4）：430-434.

[85] 周婷. 大学生专业承诺与自我同一性、学习适应性的关系研究 [D]. 荆州：长江大学，2012.

[86] 周寅庆. 一位老科学家人格的叙事研究 [D]. 武汉：华中师范大学，2014.

[87] 朱艳丽，席思思，吴艳红. 自传体叙事中的自我欺骗：个体的自我认同策略 [J]. 心理科学进展，2016，24（12）：1917-1925.

[88] 朱艳丽. 自我研究的叙事取向 [J]. 河南教育学院学报（哲学社会科学版），2010，29（4）：134-137.

[89] 朱滢.《文化与自我》自序：兼论自我在哲学、心理学与神经

科学上的一致性 [J]. 宁波大学学报 (教育科学版), 2007 (3): 1-2.

外文文献

[1] Andringa E. Effects of "narrative distance" on readers emotional involvement and response [J]. Poetics, 1996 (23): 431-452.

[2] Ali Zabihi, Seyedeh Roghayeh Jafarian Amiri, Seyed Reza Hosseini, Valiollah Padehban. The association of high-risk behaviors and their relationship with identity styles in adolescents [J]. Educ Health Promot, 2019 (8): 152-158.

[3] Bedwell J S, Gallagher S, Whitten S N, Fiore S M. Linguistic correlates of self in deceptive oral auto biographical naratives [J]. Consciousness and Cognition, 2011 (20): 547-555.

[4] Beike D R, Crone T S. Autobiographical memory and personal meaning: stable versus flexible meanings of remembered life events [G] // P. T. P. Wong (Ed.), The human quest for meaning (2nd ed.). New York: Routledge, 2012: 315-334.

[5] Bench S W, Lench H C. On the function of boredom [J]. Behavioral Sciences , 2013, 3 (3): 459-472.

[6] Berzonsky M D, Ferrari J R. Identity orientation and decisional strategies [J]. Personality and Individual Differences, 1996, 20 (5): 597-606.

[7] Bosma H A, Kunnen E S. Determinants and mechanisms in ego identity development: A review and synthesis [J]. Developmental Review, 2001, 21 (1): 39-66.

[8] Bronfenbrenner U, Bronfenbrenner U. The ecology of human development: Experiments by nature and design [M]. Harvard University Press, 1979.

[9] Calhoun L G, Tedeschi R G. Posttraumatic growth: the positive lessons of loss [G] //R. A. Neimeyer (Ed.), Meaning reconstruction and the experience of loss. Washington, DC: APA Books, 2001: 157-172.

[10] Clark M C, Rossiter M. Narrative learning in adulthood [J]. New Directions for Adult & Continuing Education, 2008 (119): 62-63.

[11] Crawfprdw, Gorman M. Future Libraries: Dreams, Madness, & Reality [M]. Chicago: American Library Association, 1995.

[12] Cote J E, Sehwartz S J. Comparing Psychological and sociological approaches to identity: identity status [J]. identity capital and individualization Process. Journal of Adolescence, 2002 (25): 571-586.

[13] Csikszentmihalyi M. Flow: The psychology of optimal experience [J]. New York: Basic. Educational Research, 1990 (16): 131-143.

[14] Davis C G. The tormented and the transformed: understanding responses to loss and trauma [G] //R. A. Neimeyer (Ed.), Meaning reconstruction and the experience of loss. Washington, DC: APA Books, 2001: 137-155.

[15] Engestrm Y. Learning by expanding: An activity-theoretical approach to developmental research [M]. Helsinki, Finland: Orienta-Konsultit, 1987.

[16] Etherington K. Trauma, drug misuse, and transforming identities: A life story approach [M]. London: Jessica Kingsley, 2008.

[17] Fahlman S A, Mercer-Lynn K B, Flora D B, et al. Development and validation of the multidimensional state boredom scale [J]. Assessment, 2013, 20 (1): 68-85.

[18] Gallagher S, Cole J. Dissociation in self-narrative [J]. Consciousness and Cognition, 2011 (20): 149-155.

[19] Grotevant H D. Toward a process model of identity formation [J].

Journal of Adolescent Research, 1987, 2 (3): 203-222.

[20] Habermas T, Bluck S. Getting a life: The emergence of the life story in adolescence [J]. Psychological Bulletin, 2000 (126): 748-769.

[21] Hammack P L. Narrative and the cultural psychology of identity [J]. Personality and Social Psychology Review, 2008 (12): 222-247.

[22] Hermans H J M, Gieser T. Handbook of Dialogical Self Theory [M]. Cambridge University Press, 2011.

[23] Ibara H, Barbulescu R. Identity asnarative: Prevalence, effectiveness, and consequences of narative identity work in Macro work roletran sitions [J]. Acade my of Management Review, 2010, (35): 135-154.

[24] Kerpelman J L, Pittman J F, Lamke L K. Toward a Microprocess Perspective on Adolescent Identity Development An Identity Control Theory Approach [J]. Journal of Adolescent Research, 1997, 12 (3): 325-346.

[25] King L A, Hicks J A. What ever happened to "what might have been"? [J]. American Psychologist, 2007, (62): 625-636.

[26] Klass D. The inner representation of the dead child in the psychic and social narra-tivesof bereaved parents [G] //R. A. Neimeyer (Ed.), Meaning reconstruction and the experience of loss. Washington, DC: APA Books, 2001: 77-94.

[27] Kerpelman J L, Pittman J F, Lamke L K. Tow ard amicroprocess perspective on adolescent identity development: an identity control theory approach [J]. Adolesc Res, 1997, 12 (3): 325-346.

[28] Kunnen E S, Bosma H A, Van Geert P A. Dynamic systems approach to identity formation: theoretical background and methodological possibilities //Nurmi J. Navigating through adolescence: european perspectives [M]. New York: Rout ledge Falmer, 2001.

[29] Lerner R M, Theokas C, Jelicic H. Youth as Active Agents in

Their Own Positive Development [M]. A Developmental Systems Perspective, 2005.

[30] Lothe J. Narrative in ction and film [M]. Oxford: Oxford University Press, 2000.

[31] Luyckx K, Goossens L, Soenens B, Beyers W. Unpacking commitment and exploration: Preliminary validation of an integrative model of late adolescent identity formation [J]. Journal of Adolescence, 2006 (29): 361 -378.

[32] McAdams D P. Stories we live by: Personal myths and the making of the self [M]. New York: Morrow, 1993.

[33] McAdams D P. What do we know when we know a person? [J]. Journal of Personality, 1995 (63): 365-396.

[34] McAdams D. Narrating the self in adulthood [G] //J. Birren, G. Kenyon, J. Ruth, J. Schroots, & T. Svensson (Eds.), Aging and biography: Exploration in adult development. New York: Springer, 1996: 131-148.

[35] McAdams D P. Personality, modernity, and the storied self: A contemporary framework for studying persons [J]. Psychological Inquiry, 1996 (7): 295-321.

[36] McAdams D P. The psychology of life stories [J]. Review of General Psychology, 2001 (5): 100-122.

[37] McAdams D P. The redemptive self: Stories Americans live by [M]. New York: Oxford University Press, 2006.

[38] McAdams D P, McLean K C. Narrative identity [J]. Current Directions in Psychological Science, 2013 (22): 233-238.

[39] McAdams D P, Guo J. Narrating the generative life [J]. Psychological Science, 2015 (26): 475-483.

[40] Marcia J E. Development and validation of ego identity status [J]. Journal of Personality and Social psychology, 1966, 3 (5): 551-558.

[41] Mariann, Martsin. Identity in Dialogue: Identity as Hyper-Generalized Personal Sense [J]. Theory Psychology, 2010, 20 (3): 436-450.

[42] McLean K C, Pasupathi M, Pals J L. Selves creating stories creating selves A process model of self - development [G] //Personality and Social Psychology Review, 11, 262-278. Personality and Social Psychology, 3 (5), 551-558. psychology. Oxford University Press, INC, 2007: 2236 -2288.

[43] Neimeyer R A. Re-storying loss: fostering growth in the posttraumatic narrative [G] //L. G. Calhoun, & R. G. Tedeschi (Eds.), Handbook of posttraumatic growth: Research and practice. New York: Taylor & Francis, 2006: 68-80.

[44] Olivares O J. Meaning Making, Uncertainty Reduction, and the Functions of Autobiographical Memory: A Relational Framework [J]. Review of General Psychology, 2010, 14 (3): 204-211.

[45] Ozer E J, Best S R, Lipsey T L, Weiss D S. Predictors of posttraumatic stress disorder and symptoms in adults: a meta-analysis [J]. Psychological Bulletin, 2003 (129): 52-73.

[46] Pals J L. Constructing the "springboard effect": causal connections, self making, and growth within the life story [G] //D. P. McAdams, R. Josselson, & A. Lieblich (Eds.), Identity and story: Creating self in narrative. Washington, DC: APA Books, 2006: 175-199.

[47] Park C L. Making sense of the meaning literature: an integrative review of meaning making and its effects on adjustment to stressful events [J]. Psychological Bulletin, 2010 (136): 257-301.

[48] Rathunde K, Csikszentmihalyi M. The developing person: An ex-

periential perspective [G] //Lerner, R. M., Kuhn, D., Siegler, R. S., Eisenberg, N., & Renninger, K. A. (Ed.). Handbook of child psychology. J. Wiley & Sons research? Crime and Justice, 2006 (32): 221-320.

[49] Rosenwald G C, Ochberg R L. Storied Lives. New Haven [M]. Conn: Yale University Press, 1992.

[50] Schwartz S J. Handbook of identity theory and research [J]. Springer Science+ Business Media. Science, 2011 (22): 233-238.

[51] Sheikh A I. Posttraumatic growth in trauma survivors: implications for practice [J]. Counseling Psychology Quarterly, 2008 (21): 85-97.

[52] Thelen E S, Smith L B. Dynamic systems approach to the development of cognition and action [J]. MIT Press, 1996.

[53] Valsiner J. The promotor sign: developmental transformation within the structure of the dialogical self [C]. Paper Presented at the XVIII Biennial Meeting of the ISSBD, Ghent, Belgium, 2004.

[54] Vaughan B. The internal narrative of desistance [J]. British Journal of Criminology, 2007 (47): 390-404.

[55] Van Tilburg W A P, Igou E R. On boredom: lack of challenge and meaning as distinct boredom experiences [J]. Motivation and Emotion, 2012, 36 (2): 181-194.

[56] Van Tilburg W A P, Igou E R, Sedikides C. In search of meaningfulness: nostalgia as an antidote to boredom [J]. Emotion, 2013, 13 (3): 450-461.

[57] Vleioras G. Predicting Change in Relational Identity Commitments: Exploration and Emotions [J]. Identity: An International Journal of Theory and Research, 2005, 5 (1): 35-56.

[58] Vleioras G, Van Greet P, Bosma H. Modeling the role of emotions in viewing oneself maturely [M]. New Ideas in Psychology, 2007.

［59］Waterman A S. Developmental perspectives on identity formation：From adolescence to adulthood ［G］//Marcia, J. E., Waterman, A. S., Matteson, D. R., et al. Ego identity. New York：Springer-Verlag, 1993.

［60］Wang Q, Jens B. Autobiographical Remembering as Cultural Practice：Understanding the Interplay between Memory ［J］. Self and Culture. Culture & Psychology, 2002, 8（1）：45-64.

［61］Weiss T, Berger R. Posttraumatic growth and culturally competent practice：Lessons learned from around the globe ［M］. New York：Wiley, 2010.

［62］Yuval-Davis N. "Belonging and the Politics of Belonging." ［J］. Patterns of Prejudice, 2006, 40（3）：202-212.

［63］Zahav D. Subjectivity and self hood：Investigating the first-person perspective ［J］. Cambridge：MIT Press, 2005.

［64］後藤孝之. 自尊感情の様態と対人態度の関連の検討 ［J］. 教心, 2012（54）：486.

［65］丸井文男. 大学生のノイローゼ ［J］. 教育と医学, 1967（5）：48-55.

［66］原田新. 発達的移行における自己愛と自我同一性との関連の変化 ［J］. 発達心理学研究, 2012（23）：95-104.